線型代数対話 第3巻

量系のテンソル積

多重線型性とその周辺

西郷 甲矢人・能美 十三 共著

現代数学社

まえがき

本書は，シリーズ「線型代数対話」の第3巻である [*1].

第1巻では圏論の基本手法に親しみ，第2巻では「量」に関わる諸概念の圏論的な取り扱いをテーマとした．そこでは「量系（可換モノイド）」の概念が重要であった．それらに続く本書においては，「いくつかの量系から新しい量系をつくる操作」としての「テンソル積」に焦点を当てる．

「いくつかの量系から新しい量系をつくる操作」にあたるものとしてはすでに第2巻で「直和」の概念を扱ったが，直和がその名の通り「加法的」な操作であるのに対し [*2]，テンソル積のほうは「乗法的」な操作と言える．この概念の正確かつ一般的取り扱いについては本文において（その大部分を費やして！）見ていくことになるが，ここではその直感的な意味合いについて，昔話でも語るように説明してみよう．

今は昔 [*3]，イタリアはパドヴァで，ガリレオ・ガリレイという若い教授がある重要な講義を行った．その講義は後年出版され，「機械の学問および道具から引き出される有用性について」（Della scienza mecanica, e delle utilità che si traggono da gl'instromenti

---

*1 まさか第3巻が出るなどとは思わなかった読者も多いであろう．著者たちも未だに信じられない．

*2 直和の「加法らしさ」の概念的な説明はいろいろと可能だが，例えば本書第14章に登場する直和とテンソル積についての「分配法則」を見れば（テンソル積の「乗法らしさ」とともに）それだけでも「わかった気になってしまう」と思われる．

*3 1592年12月らしい．

de quella）と名付けられた[*4]．力学（mechanics）の源流とも目される書である．彼はこの講義で，（断片的知識としては世の人々によく知られていた）ことがらをそのまま学生に教授するのではなく，適切で基本的な「定義と仮定」から〈豊かな実りを約束する種子のように，機械的な装置のすべての性質についての原因やその正しい証明が，帰結として，発芽し，溢れ出てくる〉[*5] ことを示した．

ガリレオ[*6]は，当時の庶民が理解できるような日常語を巧みに用いながら，現代の目から見ても感嘆すべき議論を展開する．その冒頭において彼は「重さ（グラヴィタ）」を〈下の方に向かって自然に運動を起こす傾向を示すところの性質である〉とし，〈固体にあっては，それを構成している物質（マテリア）の分量の多少に起因するものと認められる〉という[*7]．そしてその直後，ガリレオは「モーメント」という新概念を導入する．

> モーメントとは，運動物体の重さのみによって引き起こされるものではないところの，下へ向かって進む（アンダーレ）傾向を示す性質であって，重さを持った種々の物体相互の位置

---

*4 通常，「レ・メカニケ」（Le mecaniche）という短い題名で知られている．

*5 ガリレオ・ガリレイ「レ・メカニケ」，豊田利幸（訳），豊田利幸（編）『世界の名著　ガリレオ』（中央公論社，1973）所収，219 頁．

*6 当時のイタリアでは，偉大な人物は（ダンテ，ラファエロなどのように）名前で呼ぶ習慣があったようだ．

*7 現代的な物理教育を受けた読者にとっては，様々な概念が未整理なまま粗雑に述べられているように読めたり，「下の方」などという「特別な方向」を選んで話を進めていることに居心地の悪さを感じたりするかも知れない．しかし本文をよく読み込んでみれば，「重さ（グラヴィタ）」はいわゆる「重量」に，そして一歩一歩それを一般化していくことで「力」にまで至る概念であり，「それを構成している物質（マテリア）の分量」というのが「質量」に対応していると整合的に解釈できるし，論述の核心は現代的に見ても立派なものだとわかるだろう．

関係に依存する．より軽い物体がより重い物体とつり合うのを非常にしばしば見かけるのは，このモーメントを媒介（メディアンテ）としているためである．すなわち，竿秤（さおばかり）で小さな分銅が他方の大きな重量物を持ち上げる場合にみられるように，〔持ち上げる力は〕重さの超過のためだけではなくて，竿秤を支えている点からの錘（おも）りの点までの長さにも非常に依存しているのである．

要するにガリレオは，「モーメント」を重さだけではなく支点からの距離にも依存する「何らかの量」として読者の心のうちに種蒔こうとしているのである[*8]．では，そのことのどういうところが革新的なのだろうか．それは，ガリレオが重さや距離といった「よく知られている量」を超えて，それと密接に関連する「新しい量」を導入しようとしている点にある．実はこの部分に引き続くガリレオの議論をつぶさに見ていけば，「モーメント」が現代的にいえば「重さ × 距離」，より一般化すれば「力 × 距離」といった形に書かれるべき量であることが（少なくとも現代の物理教育を受けたものにとっては）明確に理解できるのであるが，ガリレオはそうした「式」を頭から用いず，あくまでも，重さだけではなく支点からの距離にも依存する「何か」として導入しているのである．それがいかに重要な一歩であるかを考えていくと，何とテンソル積の概念に至るのである！

ガリレオの革新性を理解する上で重要なのは，そもそも「量の積」を理解するのは一般的に言ってそんなにたやすいことではない，という事実に注意を向けることである．「量の和」については

---

*8 モーメントが単なる抽象概念ではなく「何らかの量」として想定されていることは，後続する議論を読み解けば明らかなのだが，その説明は省く．

（少なくとも「同種の量の和」については）古来より考えられ，活用されてきた．むしろそのような概念のない社会を想像することの方が多くの読者にとって難しいことであろう．また，「量に数をかけること」（スカラー倍）についてもまた，「3 倍の重さ」や「半分の面積」について考えるざるをえない具体的な状況はいくらでも思いつくだろう *9．では，量の積についてはどうだろうか？ もちろん密度と体積の積（それは質量となる）のように，概念を理解すれば自然にわかるような積もあるにはある．また，「長さと面積の積は体積」など，「なんとなく馴染んでしまっている話」もあるだろう．しかし現代においてすら，特に物理の心得のない人がいきなり「重さと距離の積」などと言われると，全くイメージが湧かない可能性が高いのではないだろうか．一体それはどんな量なのか？

これを理解する上で，ガリレオ自身の語りに沿って頭をひねることも物理の理解においては大いに勧められるが，この本は「線型代数対話」の第 3 巻であるのだから（それを忘れていた読者も多いだろうが），線型性の概念を援用しながらモーメントの概念をより現代的に導入してみよう．

モーメントの「直感的な意味」についてはガリレオがすでに巧みに説明したとおりである．しかし，いかんせん自然言語による表現なので「なんとでも解釈できる」ように見えてしまう．そこでそのモーメントなるものを数学的に表現できるとしたらどういう量であるべきかを考えよう．それは物体の重さだけではなく，距離にも関係している「何か」の量であるというのだから，重さや距離を変化させた時にどんなことが起こるか考えるべきだろう．例えば竿秤

---

*9 無論，2/3 倍や 1.3 倍，果ては $\sqrt{2}$ 倍などの意味を考えるには，随分な苦労があったに違いないし，負の数や虚数をかけることの意味の理解はは現代でも浸透しているとは言えないかもしれないが．

（もし馴染みがなければシーソーなどを思い浮かべても良い）については，もしも支点から分銅の距離を固定して分銅の重さを k 倍したならモーメントなるものも k 倍になるだろうことは納得できるはずである．実際，竿秤の支点からある一定の距離に吊るされた分銅がちょうどある物体を持ち上げることができるのであれば，分銅の重さを k 倍したら元の物体 k 個分をちょうど持ち上げることができることは経験と整合する．一方，例えば同じ重さの分銅を支点からの元の距離の k' 倍遠ざけたなら，重さは変わらなくてもモーメントは k' 倍になることも納得できるだろうし，先ほどと同じような意味で経験と整合する．

要するに，モーメントなる量 μ は重さ γ，距離 λ，ある関数 f により $\mu = f(\gamma, \lambda)$ と表せるべきであり，その f は任意の $\gamma, \lambda, k_1, k_2$（$k_1, k_2$ は数）に対し

$$\begin{aligned} f(\gamma k_1, \lambda) &= f(\gamma, \lambda) k_1 \\ f(\gamma, \lambda k_2) &= f(\gamma, \lambda) k_2 \end{aligned} \tag{1}$$

を満たすべきである[*10]．f は「一つの変数のみを動かして考えた場合にはその変数について線型」という性質を満たすというわけである（ここではすぐ後の議論で必須なスカラー倍のみについて議論したが，和に関しても話は全く同様である）．このような性質を「多重線型性」という．今の場合のように二つの変数に関する場合は特に特に２重線型性（あるいは「双線型性」）という．

ところで上の関数 f は極めて簡単な形をしていることがわかる．実際，重さと距離の単位をそれぞれ u_1 および u_2 と選ぶと，(1) より，任意の重さや距離 $u_1 k_1$，$u_2 k_2$ について

*10 スカラー倍は「右からかける」ことにしている．そうするのが良いと著者たちが信じる理由はいろいろあるが割愛する．

$$f(u_1k_1, u_2k_2) = f(u_1, u_2)k_1k_2 \tag{2}$$

となり，k_1k_2 という「積」に比例する量となるからである．こうして，モーメントというものが「重さと距離の積」に対応する量として理解されるべきであることが見えてきた．決定的なのは，モーメントの概念を導入することによって，「重さと距離についての2重線型写像」の話が，「モーメントについての線型写像*[11]」の話に翻訳されることになるという点である．

実はガリレオは，現代の物理の教科書でいう「仕事」の概念についても，「ファティーカ」という日常語を用いて考察している．ファティーカというのは労苦といったような意味を持つ言葉であるが，例えばテコで重いものを持ち上げる際，支点から遠ければ遠いほど必要な「力」は少なくて済むものの，押し下げる際の分銅の距離は長くならなければならないという経験から想定されるところの，力と（その力に沿う方向の）距離の両方に依存した「何らかの量」を指している．その依存の仕方に（現代的に言えば）2重線型性があることが，テコだけでなく滑車や他の様々な機械についても浮かび上がる*[12]．ファティーカの概念を導入することにより，2重線型性という法則性を単純化して理解出来るようになり，導入以前には捉えることが難しかった話が極めて明瞭になったりもする．例えば，「どんな機械を用いようと」力で得をしたければ距離で損をしな

*11　今の場合は単なる正比例なので「線型写像」というのは大げさに感じられるかもしれないが，新概念を理解するには最も簡単な例を「大げさに」考えることもまた重要である．

*12　そうなるとモーメントと同じになるのではないかと思うかもしれないが（確かに「量の次元」としては同じであるが），力と距離（を考えている方向）がモーメントの場合は「垂直」，ファティーカの場合は「平行」となっており，異なる概念であることがわかる．とはいえ，おそらくガリレオ自身の思考の進行において，それらは非常に密接に関連していたと思われる．

ければならない，自然は決して欺くことなどできない，ということが.

実を言うと，「多重線型性の話を単なる線型性の話に過不足なく言い換える」という役割を持つ概念こそが，本書の主人公である「テンソル積」なのである．本シリーズをここまで読んでこられた読者であれば，この「過不足なく」というのは要するにテンソル積なるものの「普遍性」を指しているのだろうと推測できるだろう．そして，このテンソル積の概念が「量の積」の概念を数学的に意味づけるものであることも，モーメントやファティーカの話を考えてみれば直観できるだろう．問題は，これらの推測や直観をどう「数学にするか」である.

本書の中心テーマは，まさにその問題を取り扱う．量系に対しテンソル積を定義するために必要な諸概念を用意し，量系たちのテンソル積を「実際に構築する」(上に述べたような普遍性を有する数学的対象を作ってみせる) ことには少しばかり --- 本書一巻を費やす程度には！--- 労苦（ファティーカ）を要する．しかしテンソル積の概念が現代数学において果たしている重要性を考えてみれば，〈せっかく，努力して得られるものに含まれているのは，ただ疲労（ファティーカ）だけだという，はかない結果に終わる〉[*13] ということはないだろう．20 世紀を代表する数学者であるグロタンディーク（本書でもその名のついた概念が登場するが）の偉大な仕事の多くが核心においてテンソル積に関わるものであることも，この概念の重要性をはっきりと示す.

それどころか，近年ではボブ・クックのように「我々は誰しも知らず知らずのうちにテンソル積の構造を有する圏（モノイダル圏）

[*13] 前掲書，214 頁.

に住んでいるのだ」と主張する論者まで現れる始末である（ボブによれば，河畔を散歩するだけでもあたり一面その圏が見えるそうである[*14]）．そのうち幼稚園児たちがテンソル積遊びに興じる未来が到来するかもしれない[*15]．とはいえ本書が出版される時点においては幼稚園児どころか数学専攻の大学院生でさえ「誰しもがテンソル積を熟知している」とはいえまい．

あなたがもし，そんな現状に妥協することなく，そしてまたここまでの長大な前置きに心折れることもなく，来るべき新時代に向けてテンソル積の概念を徹底的に理解しようとする読者であるとしたら，それは希有なことである．本書は，あなたと，あなたに引き続くであろう（もしかしたら未だ生まれていない）数多くの後輩たちのために書かれたのである．

西郷甲矢人・能美十三

＊14　西郷甲矢人（編）『圏論の地平線』（2021，技術評論社）第 8 章におけるボブ・クックとの対話を参照.

＊15　これは一応冗談であるが，半ば本気の予測である．とはいえ，本書のように（数学的な意味で）「実際に構築する」道筋を理解するのはさすがに難しいであろう（し，おそらくボブもそういう道は absurd であると言うに違いない）．むしろ，そのようなテンソル積の構造を備えた圏として数学的には扱われる「プロセスのなすネットワーク」を，あたかも「お絵描き」や「あやとり」のように遊びながら理解するという話である．

目次

線型代数対話　第3巻

第4話

第5話

第6話

第7話

第8話

第 9 話

第 10 話

第 11 話

第 12 話

第 13 話

第 14 話

第 15 話

第 16 話

1. 振り返り：集合と論理

S：なんやかんやと話しているうちにもう二年が経って，三年目に入ってしまった．このあたりで今までの話をまとめておこう．

N：こんなに話が長くなるなんて，軽率に圏論などに手を出すんじゃなかった．最初の一年は圏論の基礎的なものごとのまとめだったな．

S：基礎を固めつつ，トポス[*1]を下敷きとして圏論的集合論を展開し，深遠な「トポスの基本定理」[*2]の応用として「1+1＝2」を証明したのだった．

---

*1　圏 $\mathcal{C}$ がCCCで「部分対象分類子」を持つとき，これを初等トポス，あるいは単にトポスと呼ぶ．部分対象分類子とは，$\mathcal{C}$ の射 $1 \xrightarrow{t} \Omega$ で，$\mathcal{C}$ の任意の単射 $A \xrightarrow{m} X$ に対して $X \xrightarrow{\chi_m} \Omega$ で

$$\begin{array}{ccc} A & \xrightarrow{!_A} & 1 \\ {\scriptstyle m}\downarrow & & \downarrow{\scriptstyle t} \\ X & \underset{\chi_m}{\dashrightarrow} & \Omega \end{array}$$

を引き戻しの図式とするものが一意に存在するようなものをいう．Ω を真理値対象，χ_m を m の特性射と呼ぶ．

*2　トポスのスライス圏はまたトポスであるということ．

N：改めて振り返ると，そんなことのために一年を費やしたのかと力が抜ける思いだ．

S：愚かな，身近な算数にさえこれだけ奥深い背景があるのだということだ．その後，二年目に入って，トポスが論理の基盤であることを集合圏 **Set** を通してみた．

N：**Set** の部分対象分類子を $1 \xrightarrow{\text{True}} \Omega$ とするとき，一意に存在する射 $0 \longrightarrow 1$ の特性射を $1 \xrightarrow{\text{False}} \Omega$, $1 \xrightarrow{\text{False}} \Omega$ の特性射を $\Omega \xrightarrow{\neg} \Omega$, $1 \xrightarrow{\binom{\text{True}}{\text{True}}} \Omega \times \Omega$ の特性射を $\Omega \times \Omega \xrightarrow{\wedge} \Omega$ とすれば記号論理が展開できるんだったな．

S：他に必要な $\Omega \times \Omega \xrightarrow{\vee} \Omega$, $\Omega \times \Omega \xrightarrow{\Longrightarrow} \Omega$ は

$$\Omega \times \Omega \xrightarrow{\vee} \Omega = \Omega \times \Omega \xrightarrow{\neg \times \neg} \Omega \times \Omega \xrightarrow{\wedge} \Omega \xrightarrow{\neg} \Omega$$
$$\Omega \times \Omega \xrightarrow{\Longrightarrow} \Omega = \Omega \times \Omega \xrightarrow{\neg \times 1_\Omega} \Omega \times \Omega \xrightarrow{\vee} \Omega$$

で定義した*3．これらを用いると，**Set** の対象 X，つまり X は集合ということだが，X 上の性質全体から成る圏 $P(X)$ を定義することができた．ここで「X 上の性質」と呼んでいるのは，「X の各要素 x に対して成り立つか成り立たないかが決まる」ようなもので，X の部分集合と同一視できる．さらにこれを特性射 $X \longrightarrow \Omega$ と同一視する．つまり $P(X)$ の対象とは X から Ω への射ということだ．そして $P(X)$ の射 $\varphi \longrightarrow \psi$ とは，**Set** の射として $\varphi \wedge \psi = \varphi$ であることを表すものとする．こうすると $P(X)$ は CCC で，終対象として $\text{True}_X := \text{True} \circ !_X$，始対象として $\text{False}_X := \text{False} \circ !_X$ を持つ．$\wedge$ は積，$\vee$ は余積を定め，φ から ψ への冪は $\varphi \Rightarrow \psi$ であると

*3 「$\vee$」の定め方は「ド・モルガンの法則」を基にしたもので，この裏には well-pointed なトポスにおいて成り立つ関係式「$\neg \circ \neg = 1_\Omega$」がある．

いう対応があるのだった．特に，評価にあたる $\varphi \wedge (\varphi \Rightarrow \psi) \longrightarrow \psi$ は「モーダス・ポネンス」に相当する．

N：あとは，全称量化子や存在量化子が引き戻し関手との随伴関係によって特徴付けられた．**Set** における射 $X \xrightarrow{f} Y$ から定まる引き戻し関手 $P(Y) \xrightarrow{f^*} P(X)$ というのは，$P(Y)$ の対象 $Y \xrightarrow{\varphi} \Omega$ を $P(X)$ の対象 $X \xrightarrow{f} Y \xrightarrow{\varphi} \Omega$ にうつす対応だった．存在量化子に相当する $\exists_f$ は $P(X)$ から $P(Y)$ への関手として，像の全射単射分解を通じて定義される．$P(X)$ の対象 φ を特性射として持つような単射 $A \xrightarrow{m_\varphi} X$ を考え，$A \xrightarrow{\varphi m} X \xrightarrow{f} Y$ の全射単射分解 $A \xrightarrow{e} I \xrightarrow{m} Y$ における m の特性射 χ_m をとって，この φ から χ_m への対応を $\exists_f$ とする．像の性質から $\exists_f f^* \Longrightarrow \mathrm{id}_{P(Y)}$ が得られて，引き戻しの性質から $\mathrm{id}_{P(X)} \Longrightarrow f^* \exists_f$ が得られるから，前者の自然変換を ε，後者を η とすれば $\langle \exists_f, f^*, \varepsilon, \eta \rangle$ が随伴関係となる．

S：$P(X)$ の対象 φ に対して

$$\forall_f(\varphi) := \neg \circ \exists_f(\neg \circ \varphi)$$

とすることで関手 $P(X) \xrightarrow{\forall_f} P(Y)$ を定めると同様の随伴関係がいえる．これで論理を扱うための基盤にトポスがあることが一応はわかったわけだ．

2．振り返り：米田埋め込み

N：あまり詳しくは触れていなかったが，米田埋め込みについて少しやったな．

S：圏 $\mathcal{C}$ が局所的に小さければ，$\mathrm{Fun}(\mathcal{C}^{\mathrm{op}}, \mathbf{Set})$ に埋め込めるという

ことだ.「米田埋め込み」よりは，この埋め込みの存在が系として導ける「米田の補題」の方が有名かもしれない：

> **定理 1（米田の補題）** $\mathcal{C}$ は局所的に小さな圏，A は $\mathcal{C}$ の対象とする．任意の関手 $\mathcal{C} \xrightarrow{F} \mathbf{Set}$ に対して，hom 関手 $\mathrm{Hom}_{\mathcal{C}}(A,\ -)$*4 から F への自然変換全体と集合 $F(A)$ とは集合として同型である.

$\mathrm{Hom}_{\mathcal{C}}(A,-)$ から F への自然変換 θ, $\mathcal{C}$ の射 $A \xrightarrow{f} X$ をとると，θ の自然性から

$$\begin{array}{ccc} F(X) & \xleftarrow{F(f)} & F(A) \\ \uparrow{\scriptstyle \theta_X} & & \uparrow{\scriptstyle \theta_A} \\ \mathrm{Hom}_{\mathcal{C}}(A,X) & \xleftarrow[\mathrm{Hom}_{\mathcal{C}}(A,f)]{} & \mathrm{Hom}_{\mathcal{C}}(A,A) \end{array}$$

という可換図式が描けるが，右下の $\mathrm{Hom}_{\mathcal{C}}(A,A)$ から A の恒等射 1_A をとると

$$F(f)(\theta_A(1_A)) = \theta_X(\mathrm{Hom}_{\mathcal{C}}(A,f)(1_A)) = \theta_X(f) \qquad (1.1)$$

が成り立つ．これがどんな $A \xrightarrow{f} X$ に対しても成り立つのだから，θ のすべての成分の作用が $\theta_A(1_A) \in F(A)$ だけで決まってしまうのだということだ．証明の骨子はこれだけなのだが *5，得られた結

*4 $\mathcal{C}$ の対象 X に対して $\mathrm{Hom}_{\mathcal{C}}(A,X)$ を対応させる関手．射 $X \xrightarrow{f} Y$ は「f を後から合成する作用」にうつる．つまり $A \xrightarrow{a} X$ に対して $\mathrm{Hom}_{\mathcal{C}}(A,f)(a) = f \circ a$ である．

*5 証明自体は集合間の対応を定義して同型であることを示せば良い．α を，自然変換 θ に対して $\alpha(\theta) = \theta_A(1_A)$ と A 成分の 1_A での値を対応させるものとする．β を，$F(A)$ の要素 a に対して，射 $A \xrightarrow{f} X$ に対する作用が $(\beta(a))_X(f) = F(f)(a)$ で定められる自然変換を対応させるものとする．$F(A)$ の任意の要素 a に対して $\alpha \circ \beta(a) = F(1_A)(a) = a$ で，$\alpha \circ \beta = 1_{F(A)}$ である．$\beta \circ \alpha$ については，(25.1) から恒等射となる.

果は「自然変換全体」という一見「高次」のものと集合という一見「低次」なものとの間に対応が付けられるという驚くべきものだ.

N：米田の補題の F として別の対象 B についての hom 関手 $\mathrm{Hom}_{\mathcal{C}}(B,-)$ を用いれば, $\mathrm{Hom}_{\mathcal{C}}(A,-)$ から $\mathrm{Hom}_{\mathcal{C}}(B,-)$ への自然変換全体と $\mathrm{Hom}_{\mathcal{C}}(B,A)$ との間に一対一の対応があることがわかる. 前者は関手圏の射だから, 対応が反変的であるのを考慮すれば,「$\mathcal{C}$ における B から A への射」と「$\mathrm{Fun}(\mathcal{C}^{\mathrm{op}},\mathbf{Set})$ における $\mathrm{Hom}_{\mathcal{C}}(B,-)$ から $\mathrm{Hom}_{\mathcal{C}}(A,-)$ への射」とが一対一に対応するといえる.

S：具体的には, $B \xrightarrow{a} A$ に対して, 成分すべてが「a を先に合成する作用」であるような自然変換が対応する. つまり, $\mathcal{C}$ の任意の対象 X に対して, $\mathrm{Hom}_{\mathcal{C}}(A,X)$ の要素 f を $f \circ a \in \mathrm{Hom}_{\mathcal{C}}(B,X)$ にうつすような自然変換だ. この米田埋め込みがあるおかげで, いくつかの分野では非常に助かるのだが, 取り扱うときが来ればまた振り返ろう.

3. 振り返り：量の圏論的扱い

N：あとはずっとモノイドの話を延々としていた. モノイドというのは, 対象をただ一つだけ持つような圏のことだったが, こんな単純なものからよくもまあ色々と出てくるものだ. 詐欺師の話術のようではないか.

S：無茶苦茶ないちゃもんを付けるんじゃない. 様々なものごとを掘り下げていくといずれ圏論に辿り着くということの好例ではないか. 特に小さなモノイドを考えると, 射のあつまりを集合として取り扱える. 合成が二項演算であることに着目して「圏としてのモノイド」と「結合律，単位律をみたす二項演算を備えた集合」とを同一視することができた．言い換えれば，集合としてのモノイドは次のようなものだ：

定義 2 集合 M，M 上の二項演算 $M \times M \xrightarrow{*} M$，$M$ の要素 u が M の任意の要素 a, b, c について

$$(a * b) * c = a * (b * c) \tag{1.2}$$

$$a * u = a = u * a \tag{1.3}$$

をみたすとき，三つ組 $\langle M, *, u \rangle$ を**モノイド**と呼ぶ．

N：それに，「モノイドの理念の圏」$\mathcal{M}$ [*6] から **Set** への積を保つ関手として考えることもできた．

S：関手とみなして，行き先をいろいろと変えることでさまざまな「一般化されたモノイド」を考えることができるようになる．特に，$\mathcal{M}$ から「圏の圏」への積を保つ関手のことを狭義モノイダル圏と呼んでいた．ただ「圏の圏」は取扱いに細心の注意が必要となるものだから，「圏の圏」によらずに定義を書き下すと次のようになる：

定義 3 圏 $\mathcal{C}$，関手 $\mathcal{C} \times \mathcal{C} \xrightarrow{\otimes} \mathcal{C}$，$\mathcal{C}$ の対象 I が $\mathcal{C}$ の任意の要素 X, Y, Z について

$$(X \otimes Y) \otimes Z = X \otimes (Y \otimes Z) \tag{1.4}$$

$$X \otimes I = X = I \otimes X \tag{1.5}$$

をみたすとき，三つ組 $\langle \mathcal{C}, \otimes, I \rangle$ を**狭義モノイダル圏**と呼ぶ．このとき $\otimes$ を**モノイダル積**，I を**モノイダル単位**と呼ぶ．

[*6] モノイド構造を記述するための必要最小限の対象，射を備えた圏．すべての対象がある対象 X の有限積と同型であり，射 $1 \xrightarrow{u} X$，$X \times X \xrightarrow{\mu} X$ を持ち，これらが (1.2)，(1.3) に対応する関係式 $\mu \circ (\mu \times 1_X) = \mu \circ (1_X \times \mu) \circ \begin{pmatrix} \pi^1 \circ \pi^1 \\ \pi^2 \times 1 \end{pmatrix}$ および $\mu \circ \begin{pmatrix} 1_X \\ u \circ !_X \end{pmatrix} = 1_X = \mu \circ \begin{pmatrix} u \circ !_X \\ 1_X \end{pmatrix}$ をみたす．

N：ともに $\mathcal{M}$ からの関手だから，定義 2 の用語を置き換えるだけで良かったんだったな．(1.4)，(1.5) の等号を自然同値で置き換えると**モノイダル圏**の定義になるということだった．

S：このとき，自然同値に置き換えることによって生じる括弧の付け方や I の「消し方」についての「コヒーレンス条件」をみたす必要があったが，基本的にはそうだ．この条件がみたされていれば，たとえば $((A\otimes B)\otimes C)\otimes D$ から $A\otimes(B\otimes(C\otimes D))$ への複数存在する自然同値は一致する．また I を含む例でいうと，同型「$A\otimes B\otimes I\otimes C\cong A\otimes B\otimes C$」を表す複数の自然同値は一致する．結合律を表す自然同値を α，右単位律を表す自然同値を ρ，左単位律を表す自然同値を λ と表す．射の「向き」については，各成分について

$$(X\otimes Y)\otimes Z \xrightarrow{\alpha_{X,Y,Z}} X\otimes(Y\otimes Z)$$

$$X\otimes I \xrightarrow{\rho_X} X \xleftarrow{\lambda_X} I\otimes X$$

というものだとする．さてモノイダル圏 $\langle\mathcal{C},\otimes,I,\alpha,\rho,\lambda\rangle$ に対してさらにそこの「モノイド」を考えることができた．

定義 4 モノイダル圏 $\langle\mathcal{C},\otimes,I,\alpha,\rho,\lambda\rangle$ の対象 M について，射 $M\otimes M\xrightarrow{\mu}M$ と射 $I\xrightarrow{u}M$ とで

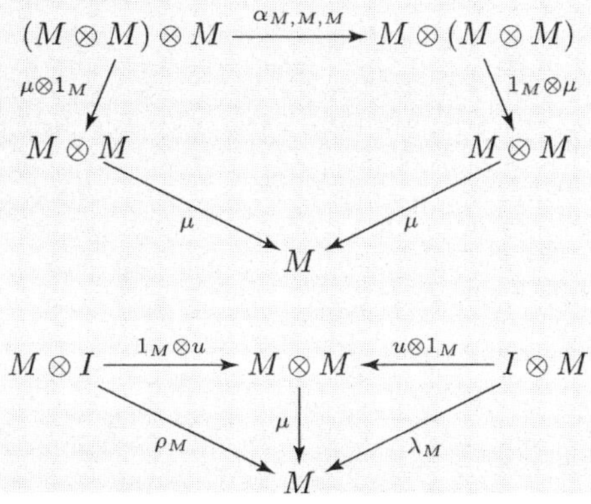

を可換にするものが存在するとき，三つ組 $\langle M, \mu, u\rangle$ を圏 $\mathcal{C}$ の**モノイド対象**と呼ぶ．このとき μ を**乗法**，u を**単位**と呼ぶ．

等号でなく自然同値となったことで幾分ややこしくなっているが，実質的には定義2を可換図式に翻訳しているだけだ．

N：このあと少し計算機科学の方に寄り道して，自己関手圏のモノイド対象*7 であるモナドについて考えていたな．

S：モナドと随伴との間の関係について調べて，一方から他方が導かれることを示した．特に，モナドが随伴を定めることを示すために使われる Kleisli 圏が計算効果を扱う上で重要な圏だという話をした．そしてもう線型代数の基礎の話だな．あっという間じゃないか．

N：どこがあっという間なんだ．「あっ」と言っている間に窒息しかねないくらい長かったぞ．まず **Set** が積をモノイダル積とするモノイダル圏だということ，そして **Set** のモノイド対象としてモノイドが得られて，また出発点のモノイドに戻ったわけだ．そして圏 **Mon** を，モノイドを対象とし，モノイド準同型を射とする圏だとして定義した．

S：これは，モノイドを関手とみなしたときの関手圏 $\mathrm{Fun}(\mathcal{M}, \mathbf{Set})$ に他ならない．自然変換のみたすべき性質を整理することで，モノイド準同型とはモノイドの乗法を保存するような **Set** の射であることがわかる．さらにかなり苦労して，**Mon** には **Set** 由来の積が定まって，これによって **Mon** がモノイダル圏になることを確かめた．

N：そこからまた苦労して **Mon** のモノイド対象が，乗法についての

*7 自己関手圏は関手の合成をモノイダル積とする狭義モノイダル圏となる．

可換性を持ったモノイド，すなわち可換モノイドであることを調べたな．このとき Eckmann–Hilton 論法が非常に重要な役割を担っていた．

S：可換モノイドが量の本質だということで，これを量系，その射を量と呼び，量系の圏を **Qua** と書くことにした．**Qua** は，有限積が有限余積と同型だという著しい性質を持っていることがわかったから，この性質を抜き出した圏を考え，量圏と呼んだ．

定義 5 始対象でありかつ終対象でもあるような対象を零対象と呼ぶ．また任意の対象 A, B に対して定まる A から B への零対象を通じたカノニカルな射を零射と呼び，$0_{A,B}$ と書く．圏が有限積，有限余積，零対象を持ち，任意の対象 A, B についてのカノニカルな射 $A+B \longrightarrow A\times B$ が同型であるとき，この圏を**量圏**と呼ぶ．このとき A, B の積，余積を**直和**と呼び，$A\oplus B$ と書く．

N：直和 $A\oplus B$ の積としての標準的な射を $A_1 \xleftarrow{\pi^1_{A1,A2}} A_1\oplus A_2 \xrightarrow{\pi^2_{A1,A2}} A_2$，余積としての標準的な射を $A_1 \xrightarrow{\iota^1_{A1,A2}} A_1\oplus A_2 \xleftarrow{\iota^2_{A1,A2}} A_2$ とすると，$\pi^j_{A1,A2}\circ\iota^k_{A1,A2}$ が $j\neq k$ のとき零射，$j=k$ のとき A_j の恒等射になるんだった．

S：この π と ι とによる挟み撃ちが重要で，射 $A_1\oplus A_1 \xrightarrow{f} B_1\oplus B_2$ に対して

$$A_k \xrightarrow{{}^jf_k} B_j = A_k \xrightarrow{\iota^k_{A1,A2}} A_1\oplus A_2 \xrightarrow{f} B_1\oplus B_2 \xrightarrow{\pi^j_{B1,B2}} B_j$$

によって ${}^jf_k$ を定義する．「$A_1\oplus A_2$ の余積としての性質を用いてから $B_1\oplus B_2$ の積としての性質を用いて定まる射」と逆に「$B_1\oplus B_2$ の積としての性質を用いてから $A_1\oplus A_2$ の余積としての

性質を用いて定まる射」とがともに f と一致することがわかるから，これらに対して不要な括弧を取り払った行列表示が可能になる：

$$f=\begin{pmatrix}({}^1f_1 & {}^1f_2)\\({}^2f_1 & {}^2f_2)\end{pmatrix}=\left(\begin{pmatrix}{}^1f_1\\{}^2f_1\end{pmatrix}\begin{pmatrix}{}^1f_2\\{}^2f_2\end{pmatrix}\right)=\begin{pmatrix}{}^1f_1 & {}^1f_2\\{}^2f_1 & {}^2f_2\end{pmatrix}$$

そして，量圏における射にはこの行列表示と整合的な「和」を定義することができた．

定義6　射 $A \underset{g}{\overset{f}{\rightrightarrows}} B$ について，和 $f+g$ を

$$f+g := \nabla_B\circ(f\oplus g)\circ\Delta_A$$

で定める．

N：この和によって，A から B への射全体には「+」を二項演算，零射 $0_{A,B}$ を単位とする量系の構造が定まることを確かめたな．特に A から A 自身への射全体を考えると，射の合成についてのモノイド構造も考えることができ，「+」と「∘」との間には分配律

$$f\circ(g+h)=f\circ g+f\circ h$$
$$(f+g)\circ h=f\circ h+g\circ h$$

が成り立つ．「∘」は積と呼ぶに相応しい性質を持っているわけだ．

S：この「合成 = 積」からは「行列の積」の定め方が得られ，これは通常の線型代数の課程における行列の積の計算方法と一致する．次回からは線型代数についてより詳しく調べるための準備を行っていこう．

1. テンソル積へ向かって

S：さて，線型代数の基礎的な部分が済んだから，ここから少し準備をして更なる深みへとはまり込んでいこう．

N：なんだその不穏な言葉のチョイスは．

S：圏論沼に一度はまれば逃れられないのだから，より深みを目指すしかないだろう．当面，量系に「テンソル積」と呼ばれる「積」によく似た概念を導入することを目標としよう．

N：量系ならすでに積を持っているじゃないか．

S：もちろんその通りだが，余積と一致してしまうことからわかる通り，量系においては強すぎる概念なんだ．

N：そういえば，**Set** では成り立っていた積と余積との間の分配法則：

$$A\times(B+C)\cong(A\times B)+(A\times C)$$

も成り立たないんだな．

S：それに折角，量系では射のあつまり $\mathrm{Hom}(A,B)$ がまた量系の対象と捉えられるのに，積と冪との間の随伴関係も駄目だ．これらの無視するにはあまりに惜しい関係たちが，テンソル積を導入することによって意味を成すんだ．分配法則についてはテンソル積と直和との間で考えれば良い．そしてテンソル積と射のあつまりとの間には随伴関係がある．

N：なるほど，なかなか便利な概念のようじゃないか．

S：それにテンソル積を導入した先には，巷で話題の「量子論理」があるとも聞く．

N：どこの巷か知らんが奇妙な名前だな．「量子力学」の神秘性を良いことに「量子」の名を冠した怪しい概念が溢れているから，こういったものに近付いてはならないと家訓で厳しく制限されているんだ．

S：それなら心配ない．量子論理は，まさに量子論的振る舞いを理解するためのものだから，これは真正の「量子モノ」だ．

N：それならよかろう．さっさと導入してくれ．

2. 集合の包含関係

S：私としてもとっとと話の面白い部分にうつりたいのだが，何が必要かをいろいろ考えてみたら，驚いたことになんと何も準備できていないことに気付いたのだ．

N：え，ここまで散々話をしていたと思うがなあ．

S：もちろん土台は整っている．だが，テンソル積を構成するには「商」を考える必要があるのだが，そもそも **Set** においてさえ考えていなかった．それに「商」に必要な「同値関係」も紹介していなかったし，集合間の包含関係も整理していなかったのだ．最早笑うしかないという状況だ，わはは．

N：笑っていないでなんとかしたまえよ．まずは「集合間の包含関係」か？

S：そうだな．まず **Set** において集合 X の要素 x とは終対象 **1** からの射 $1 \xrightarrow{x} X$ のことだった．何度か話したと思うが，圏論における射には域と余域とが紐付いているから，ある集合の要素が別の集合の要素となることはできない．

N：となると包含関係がこのままでは扱えないわけか．

S：このあたりのことが F. William Lawvere, Robert Rosebrugh の "Sets for Mathematics" という素晴らしすぎていつか訳したいくらいの本でうまく整理されているから参考にして話を進めよう．既に定義したものもあるが，基本的な言葉遣いを以下のように定める：

定義 1　**Set** の対象を**集合**と呼ぶ．集合 A について，終対象 **1** からの射 $1 \xrightarrow{a} A$ を A の**要素**と呼び，$a \in A$ と書く．A を余域とする単射 $X \xrightarrow{m} A$ を A の**部分**と呼ぶ．

N：まあこの辺の取り扱いはストレートだな．

S：次は懸案である要素の帰属についての定義だ．

定義 2　集合 A の部分 $X \xrightarrow{m} A$ および要素 $a \in A$ について，X の要素 $\overline{a}$ で

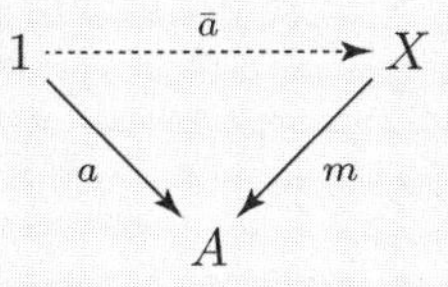

(2.1)

を可換にするものが存在するとき，a は m に**属する**といい，$a \in_A m$，あるいは単に $a \in m$ と書く．

N：なるほど，射が主役である圏論らしい定義だ．

S：帰属関係を表すのに要素であることを表す記号「∈」をそのまま用いているが，この点については恒等射を考えれば辻褄が合っているのがわかるだろう．

N：集合 A の恒等射 1_A は単射だから $A \xrightarrow{1_A} A$ は A の部分で，要素 $a \in A$ に対しては定義中の $\overline{a}$ として a 自身をとれば（2.1）は可換で $a \in 1_A$ だ．集合の要素は恒等射に属するわけだな．

S：対象と恒等射を同一視して射だけで話を進める過激な立場と相性が良い定義だ．包含関係は次のように定める．

定義3　集合 A の部分 $X \xrightarrow{m} A$ および $X' \xrightarrow{m'} A$ について，射 $X' \xrightarrow{x} X$ で

$$\begin{array}{ccc} X' & \overset{x}{\dashrightarrow} & X \\ & {\scriptstyle m'}\searrow \quad \swarrow{\scriptstyle m} & \\ & A & \end{array} \tag{2.2}$$

を可換にするものが存在するとき，m' は m に**包含されている**といい，$m' \subset_A m$，あるいは単に $m' \subset m$ と書く．

簡単にわかることだが，（2.2）の x は単射だから，x は X の部分だ．

N：ここでも恒等射を考えることで，任意の部分が恒等射に包含されていることがわかるな．

S：要素と帰属との関係と同じことが部分と包含との関係についても成り立つということだ．さて，このように用語を整理しておくと，次のことがいえる．

補題 4　集合 A の要素 $a \in A$ および部分 $X \xrightarrow{m} A$, $X' \xrightarrow{m'} A$ について，$a \in m'$ であり，かつ $m' \subset m$ であるならば $a \in m$ である．

N：包含関係が要素の帰属関係に影響するという実に「普通」の話が展開できるんだな．仮定から X' の要素 $\overline{a} \in X'$ と射 $X' \xrightarrow{x} X$ とで

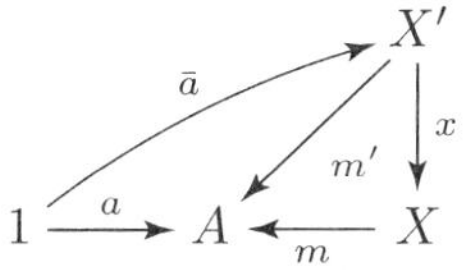

を可換にするものが存在する．$x \circ \overline{a}$ は X の要素で

$$m \circ x \circ \overline{a} = m' \circ \overline{a} = a$$

をみたすから $a \in m$ だ．

3. 分割

S：つぎは部分の双対概念を導入しよう．

N：「部分」が考えている集合への単射だったから，今度は考えている集合からの全射を扱うということか？

S：その通りだ．これを「分割」と呼ぶ．

定義 5　集合 A について，A を域とする全射 $A \xrightarrow{p} I$ を A の**分割**と呼ぶ．

なぜ「分割」と呼ぶかはこれから説明していくが，具体例としてたとえば学校のクラス分けなんかを考えるとわかりやすいだろう．A が一学年の学生全体の集合，I が一組，二組といったクラスの名

前全体の集合だとしよう． このとき分割 $A \xrightarrow{p} I$ は各学生をそれぞれのクラスへと割り振る「クラス分け」そのものに相当する．

N : この例でみると「分割」という名前はもっともらしいな． 学生全体をクラスで分けることになるし．

S : 重要な点が二つあって， 一つはどのクラスも少なくとも一人の学生を持ち， またどの学生もいずれかのクラスに属すること， もう一つは同じ学生が複数のクラスに属することはないということだ． そしてこのことはそのまま一般の分割において成り立つ． I の要素 $i \in I$ に対して $1 \xrightarrow{i} I \xleftarrow{p} A$ の引き戻しを $1 \xleftarrow{!_{A_i}} A_i \xrightarrow{p^{-1}[i]} A$ とする：

$$
\begin{array}{ccc}
A_i & \xrightarrow{p^{-1}[i]} & A \\
{\scriptstyle !_{A_i}}\downarrow & & \downarrow{\scriptstyle p} \\
1 & \xrightarrow{i} & I
\end{array}
$$

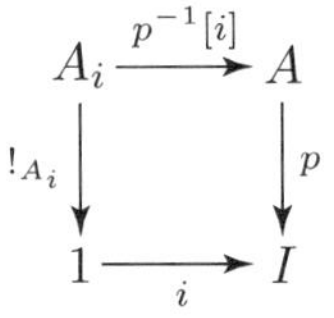

$p^{-1}[i]$ を p の i 上の**ファイバー**と呼ぶ． $1 \xrightarrow{i} I$ は単射で， 単射の引き戻しは単射だから $A_i \xrightarrow{p^{-1}[i]} A$ は A の部分だ． 先程の例でいくと， これはクラス i に属する学生全体の集合に相当する．

N : A の要素 $a \in A$ が $A_i \xrightarrow{p^{-1}[i]} A$ に属していれば A_i の要素 $\bar{a} \in A_i$ で

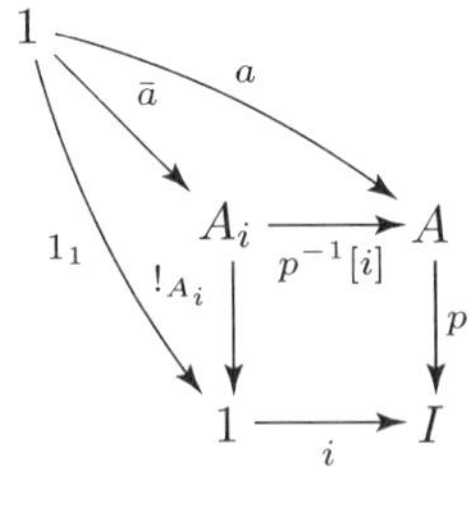

を可換にするものが存在する． $p \circ a$ は

$$
p \circ a = p \circ p^{-1}[i] \circ \bar{a} = i \circ !_{A_i} \circ \bar{a} = i
$$

と計算できるから，確かに a は分割 p によって i に割り振られている．

S : 先程挙げた二点のうちの一点目の前半，A_i が要素を持つことについてだが，これには **Set** の選択公理

> **Set** の全射は切断を持つ．すなわち任意の全射 $X \xrightarrow{f} Y$ に対して射 $Y \xrightarrow{s} X$ で $f \circ s = 1_Y$ なるものが存在する．

を使う．$A \xrightarrow{p} I$ の切断を s とすると，$s \circ i$ は A の要素で

$$p \circ s \circ i = 1_I \circ i = i$$

をみたすから

$$
\begin{array}{ccc}
1 & \xrightarrow{s \circ i} & A \\
{\scriptstyle 1_1}\downarrow & & \downarrow{\scriptstyle p} \\
1 & \xrightarrow{\ i\ } & I
\end{array}
$$

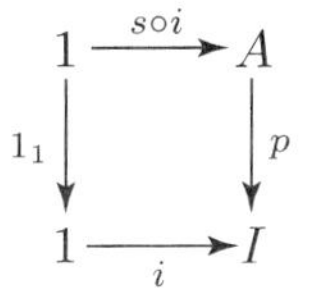

は可換だ．$1 \xleftarrow{!A_i} A_i \xrightarrow{p^{-1}[i]} A$ の引き戻しとしての性質から，射 $1 \xrightarrow{u} A_i$ で

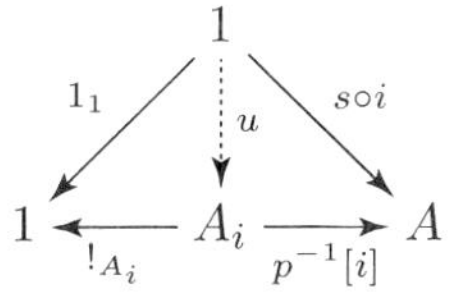

を可換にするものが一意に存在する．これは u が A_i の要素であること，そして $s \circ i$ が $p^{-1}[i]$ に属することを意味する．後半は $a \in p^{-1}[p \circ a]$ から明らかだろう．

N : 次は「同じ学生が複数のクラスに属することはない」ことか．相異なる $i, j \in I$ に対して A_i, A_j が，いわゆる「共通部分」を持たな

いということだな.

S：もちろん要素の意味でいえば A_i, A_j の双方の要素であるようなものは存在しないから，帰属関係の意味で話を進める必要がある．A の要素 $a \in A$ で，$p^{-1}[i]$, $p^{-1}[j]$ の双方に属するようなものがあるとしよう．定義により $a_i \in A_i$, $a_j \in A_j$ で

$$p^{-1}[i] \circ a_i = 1 = p^{-1}[j] \circ a_j$$

なるものが存在する．$p^{-1}[i]$, $p^{-1}[j]$ を定義する引き戻しの図式と合わせれば

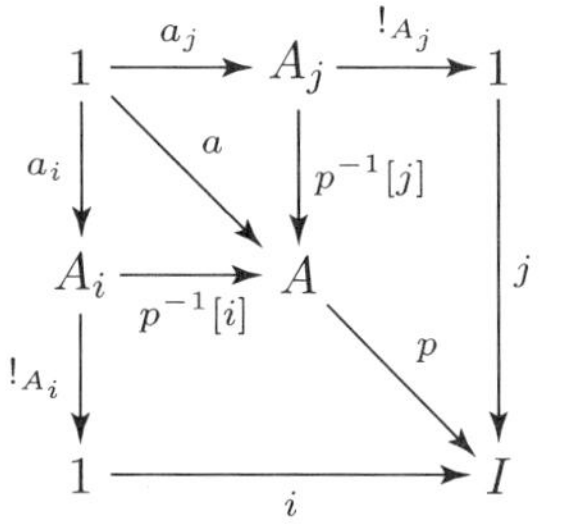

という可換図式が得られる．

$$i \circ !_{A_i} \circ a_i = j \circ !_{A_j} \circ a_j$$

だが，$!_{A_i} \circ a_i$ や $!_{A_i} \circ a_i$ が終対象間の射であることからこれは 1_1 に等しい．よって $i = j$ だ．

N：対偶を考えれば，$i \neq j$ なら $p^{-1}[i]$, $p^{-1}[j]$ の双方に属するような A の要素は存在しないことになるな．

S：ついでだから「共通部分」についても整理しておこう．A の部分 $X \xrightarrow{x} A$ および $Y \xrightarrow{y} A$ について，引き戻しを $X \xleftarrow{p_X} X \cap Y \xrightarrow{p_Y} Y$ と書こう．また $X \cap Y$ から A への射 $x \circ p_X = y \circ p_Y$ を $x \cap y$ と書く．p_X, p_Y は単射の引き戻しだから単射で，そのため単射の合成である $x \cap y$ は単射だとわかる．つまり $x \cap y$ は A の部

分だ．これが x, y の「共通部分」と呼ぶにふさわしい性質を持っていることを確認していこう．まず p_X, p_Y を通じて $x \cap y$ は x, y の双方に包含されている．

N：要素の観点からいえば，$x \cap y$ に属する A の要素は必ず x, y のどちらにも属することになるな．

S：だが単に x, y の双方に包含されるというだけでは不充分だ．たとえば始対象 0 を考えれば，0 は任意の対象の部分で，また任意の部分に包含される[*1]．$x \cap y$ を特徴付けているのは引き戻しとしての性質で，このことによって x, y の双方に包含されるような A の部分たちの中で最大のものであることがわかる．ここで「最大」というのは，他のものは $x \cap y$ に包含されるという意味だ．

N：A の部分 $Z \xrightarrow{z} A$ が x, y に包含されているとすると，射 $Z \xrightarrow{z_X} X$ および $Z \xrightarrow{z_Y} Y$ で

$$x \circ z_X = z = y \circ z_Y$$

なるものが存在する．なんだ，さっき要素について議論していた場合と同じような式じゃないか．

S：大分前に導入した概念だが[*2]，これは「一般要素」の考え方が有効活用されている例だといえるだろうな．A の要素は 1 から A への射だったが，A の**一般要素**とは終対象とは限らない一般の対象から A への射のことだった．要素に関する集合論的な考え方を一般要素に変えると圏論的な考え方になるんだ．

N：なるほど便利なものだな．話を戻すと，引き戻しの性質によって

---

*1　単行本第 1 巻第 10 話の系 6.

*2　単行本第 1 巻第 2 話第 3 節参照.

射 $Z \xrightarrow{u} X \cap Y$ で

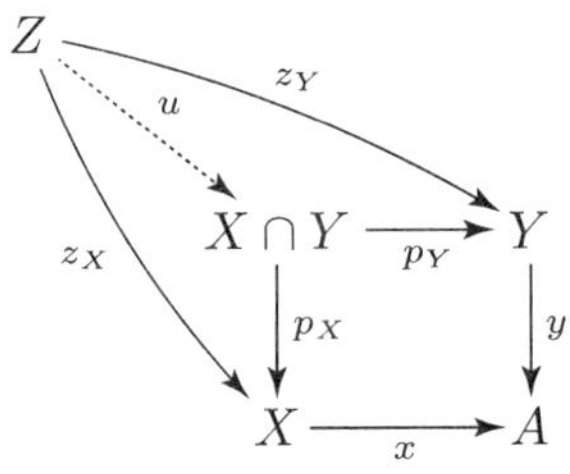

を可換にするものがただ一つ存在する．ここから

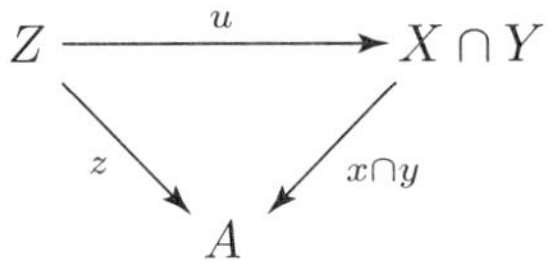

がいえるから $z \subset x \cap y$ だな．

S：共通部分の概念を用いて，分割について得られた結果をまとめておこう．

> **定理 6**　A の分割 $A \xrightarrow{p} I$ について，任意の $i \in I$ 上の p のファイバー $p^{-1}[i]$ の域 A_i は要素を持ち，任意の $a \in A$ はいずれかのファイバーに属する．また，$i, j \in I$ に対して $A_i \cap A_j$ は $i = j$ でなければ要素を持たない．

N：つまり A を域とする全射 p があれば，A は p の値によって重複なく切り分けられるようなイメージだな．正に「分割」という名前の通りだ．

S：次は分割と「二項関係」との間のつながりについて話そう．

1. 分割から定まる同値関係

S: 前回は量系たちのテンソル積を導入する準備として，ひとまず集合 A を域とする全射 $A \xrightarrow{p} I$ が特に「A の分割」と呼ばれることについて説明した．

N: A の要素たちが p の値によって区分けされるという話だったな．

S: $1 \xrightarrow{i} I \xleftarrow{p} A$ の引き戻しとして定まる $i \in I$ 上の p のファイバーを $A_i \xrightarrow{p^{-1}[i]} A$ とすると，

- 任意の $i \in I$ について A_i は要素を持つこと
- 任意の $a \in A$ は何らかの $i \in I$ について $p^{-1}[i]$ に属すこと
- $i, j \in I$ について $i \neq j$ なら $A_i \cap A_j$ は要素を持たないこと

という性質をもつことがわかった．$a, b \in A$ に対して，p の値が等しければ同じファイバーに属すわけだが，この条件「$p \circ a = p \circ b$」からは

$$\begin{array}{ccc} A \times_I A & \xrightarrow{p_2} & A \\ {\scriptstyle p_1}\downarrow & & \downarrow{\scriptstyle p} \\ A & \xrightarrow[p]{} & I \end{array}$$

という引き戻しが意味を持ちそうなことがわかるだろう．

N：普通の集合論の言葉で言い換えれば「$p\circ a=p\circ b$ となるような $a,b\in A$ の組全体」ということだな．

S： $A\times_I A$ から A への2つの射をまとめれば $A\times_I A\xrightarrow{\binom{p_1}{p_2}}A\times A$ となる．「$a,b\in A$ の組全体」というのは「$A\times A$ の部分」といえるが，実際 $\begin{pmatrix}p_1\\p_2\end{pmatrix}$ が $A\times A$ の部分であることを確かめておこう．

N：つまり単射であることがわかれば良いのだから， $X\overset{f}{\underset{g}{\rightrightarrows}}A\times_I A\xrightarrow{\binom{p_1}{p_2}}A\times A$ で $\begin{pmatrix}p_1\\p_2\end{pmatrix}\circ f=\begin{pmatrix}p_1\\p_2\end{pmatrix}\circ g$ であるようなものを考えよう．これら等しい X から $A\times A$ への射を $\begin{pmatrix}x_1\\x_2\end{pmatrix}$ とおくと

$$p\circ x_1=p\circ p_1\circ f=p\circ p_2\circ f=p\circ x_2$$

だから，引き戻しの性質により $X\xrightarrow{u}A\times_I A$ で

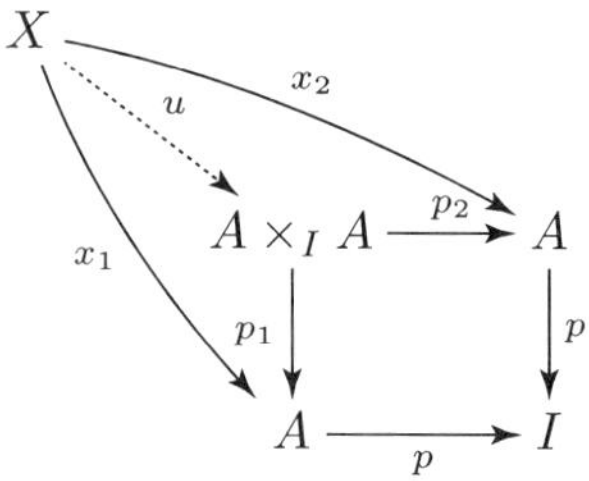

を可換にするものがただ一つ存在する． x_1,x_2 の定義により f も g もこの図式を可換にするから $u=f=g$ で， $\begin{pmatrix}p_1\\p_2\end{pmatrix}$ は単射だ．

S：こういった「積の部分」については特別な名前がついている．

定義1　集合 A に対し， $A\times A$ の部分を A 上の**二項関係**と呼ぶ．より一般に，集合 X,Y に対して $X\times Y$ の部分を X から Y への二項関係と呼ぶ．

だが今扱っている分割 p を通じて得られた $\binom{p_1}{p_2}$ は単なる二項関係ではない. $\binom{a}{b}\in A\times A$ に対して $p\circ a=p\circ b$ であることと $\binom{a}{b}\in\binom{p_1}{p_2}$ であることとが同値だから[*1], この二項関係 $\binom{p_1}{p_2}$ は I における等号に由来する次のような性質を持っている：

- **反射律**　任意の $a\in A$ に対して, $\binom{a}{a}\in\binom{p_1}{p_2}$ である.

- **対称律**　任意の $a,b\in A$ に対して, $\binom{a}{b}\in\binom{p_1}{p_2}$ ならば $\binom{b}{a}\in\binom{p_1}{p_2}$ である.

- **推移律**　任意の $a,b,c\in A$ に対して, $\binom{a}{b},\binom{b}{c}\in\binom{p_1}{p_2}$ ならば $\binom{a}{c}\in\binom{p_1}{p_2}$ である.

N：p の値で言い換えれば, 反射律の主張は「任意の $a\in A$ に対して, $p\circ a=p\circ a$ である」ということで, 当たり前のことだな. 対称律や推移律も同様で, 確かに I での等号の性質を反映した関係になっている.

S：こういった特別な二項関係を「同値関係」と呼ぶ：

---

*1　$a,b\in A$ が $p\circ a=p\circ b$ をみたせば, 引き戻しの性質から $u\in A\times_I A$ で $p_1\circ u=a$, $p_2\circ u=b$ なるものが存在する. これは $\binom{a}{b}=\binom{p_1}{p_2}\circ u$ ということだから, $\binom{a}{b}\in\binom{p_1}{p_2}$ である. 逆に $\binom{a}{b}\in\binom{p_1}{p_2}$ なら $u\in A\times_I A$ で $\binom{a}{b}=\binom{p_1}{p_2}\circ u$ なるものがとれるから $p\circ a=p\circ p_1\circ u=p\circ p_2\circ u=p\circ b$ である.

定義 2　反射律，対称律，推移律をみたす二項関係を**同値関係**と呼ぶ.

わかったことをまとめると次の通りだ.

定理 3　集合 A の分割 p が与えられたとき，p 同士の引き戻しとして A 上の同値関係が定まる.

2. 同値関係の圏論的表現

N：それで，分割から同値関係というのが定まるのはわかったが，これが何に使えるんだ？

S：そのように慌てて結果を得ようとするから重要なことを見落とすんだ. この資本主義社会の犬め.

N：なんだいきなり. 僕はこれまでの人生で何一つ間違ったことなんかしていないぞ.

S：なんという尊大な自意識だろう. まさに「自ら恃むところすこぶる厚く」といった態度ではないか. 問題は先程の同値関係についての定義だ. 圏論の話をしているのに，これはまったく圏論らしくないじゃないか. ということで圏論的に言い換えよう.

定義 4　A 上の二項関係 $R \xrightarrow{r} A\times A$ が以下の条件をみたすとき，A 上の**合同関係**と呼ぶ：

反射律　$\delta_A \subset r$ *2

*2　δ_A は A の対角射，つまり $\delta_A = \binom{1_A}{1_A}$ である.

対称律 $\begin{pmatrix} \pi_{A,A}^2 \\ \pi_{A,A}^1 \end{pmatrix} \circ r \subset r$ *3

推移律 $R \xrightarrow{\pi_{A,A}^1 \circ r} A \xleftarrow{\pi_{A,A}^2 \circ r} R$ の引き戻しを

$$
\begin{array}{ccc}
R \times_A R & \xrightarrow{\ r_2\ } & R \\
{\scriptstyle r_1}\downarrow & & \downarrow{\scriptstyle \pi_{A,A}^1 \circ r} \\
R & \xrightarrow[\pi_{A,A}^2 \circ r]{} & A
\end{array}
$$

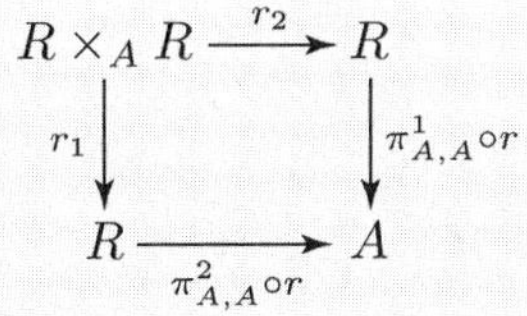

とする. このとき $R \times_A R \xrightarrow{\bar{r}} R$ で

$$
\begin{array}{ccccc}
R & \xleftarrow{\ r_1\ } & R \times_A R & \xrightarrow{\ r_2\ } & R \\
{\scriptstyle \pi_{A,A}^1 \circ r}\downarrow & & \downarrow{\scriptstyle \bar{r}} & & \downarrow{\scriptstyle \pi_{A,A}^2 \circ r} \\
A & \xleftarrow[\pi_{A,A}^1 \circ r]{} & R & \xrightarrow[\pi_{A,A}^2 \circ r]{} & A
\end{array}
$$

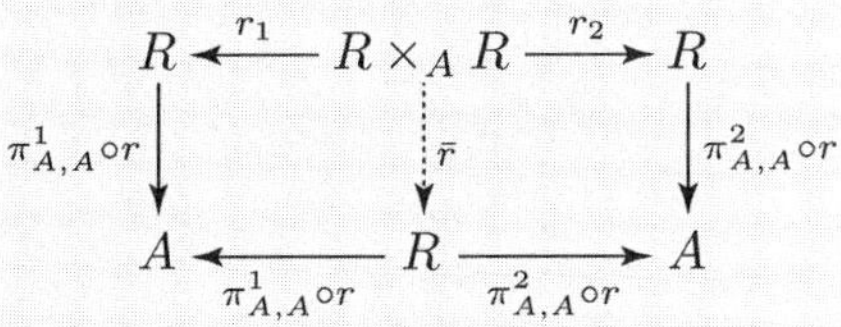

を可換にするものが存在する.

N: 反射律，対称律はそれっぽい定義だが，推移律はなんなんだ？悪意をもって僕を騙そうとしているのではないだろうな.

S: そんな無意味なことをするわけがないだろう. それぞれの条件について，圏論的な定義から要素を用いた定義が導かれることを確かめていけば条件の意味するところもわかってくるだろう.

N: 反射律は， $A \xrightarrow{f} R$ で

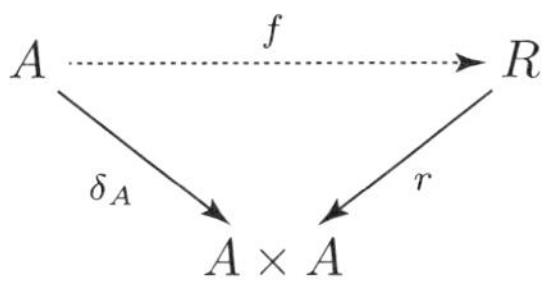

を可換にするものが存在することを意味している. 任意の $a \in A$

*3 $\quad \pi_{A,A}^1, \pi_{A,A}^2$ は積 $A \times A$ の標準的な射 $A \xleftarrow{\pi_{A,A}^1} A \times A \xrightarrow{\pi_{A,A}^2} A$ である.

について $\begin{pmatrix} a \\ a \end{pmatrix} = \delta_A \circ a$ だから,

$$\begin{pmatrix} a \\ a \end{pmatrix} = \delta_A \circ a = r \circ f \circ a$$

で, $\begin{pmatrix} a \\ a \end{pmatrix} \in r$ だな.

S: 対称律についてもほぼ同様だ. 見にくくなるから積の標準的な射については下付きの文字を省略して書くことにすれば, $R \xrightarrow{g} R$ で

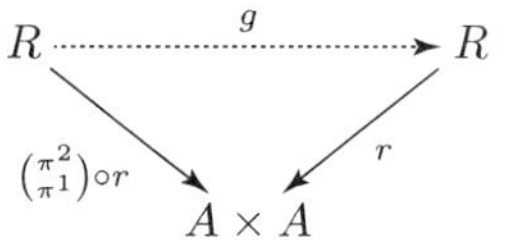

を可換にするものが存在する. $\begin{pmatrix} a \\ b \end{pmatrix} \in A \times A$ についてこれが r に属すとすれば, $\alpha \in R$ で $\begin{pmatrix} a \\ b \end{pmatrix} = r \circ \alpha$ なるものがとれる. このとき

$$\begin{pmatrix} b \\ a \end{pmatrix} = \begin{pmatrix} \pi^2 \\ \pi^1 \end{pmatrix} \circ \begin{pmatrix} a \\ b \end{pmatrix} = \begin{pmatrix} \pi^2 \\ \pi^1 \end{pmatrix} \circ r \circ \alpha = r \circ g \circ \alpha$$

だから $\begin{pmatrix} b \\ a \end{pmatrix} \in r$ だ.

N: あとは推移律か. $a, b, c \in A$ について $\begin{pmatrix} a \\ b \end{pmatrix}, \begin{pmatrix} b \\ c \end{pmatrix} \in r$ とすると, $\beta, \gamma \in R$ で $\begin{pmatrix} a \\ b \end{pmatrix} = r \circ \beta$, $\begin{pmatrix} b \\ c \end{pmatrix} = r \circ \gamma$ となるようなものがとれる. このとき

$$\pi^2 \circ r \circ \beta = \pi^1 \circ r \circ \gamma$$

だから, 引き戻しの性質により $1 \xrightarrow{x} R \times_A R$ で

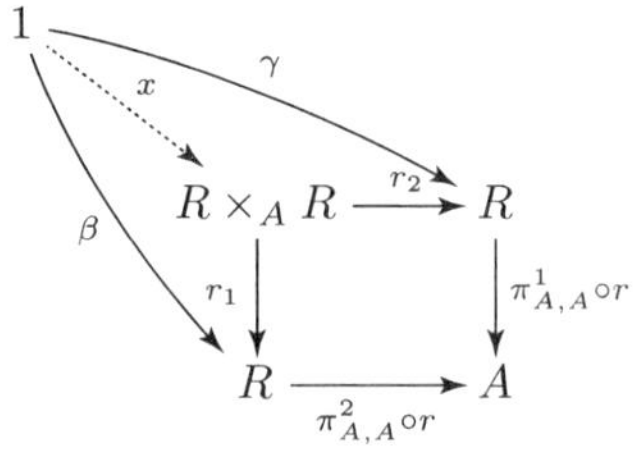

を可換にするものが存在する. $\begin{pmatrix} a \\ c \end{pmatrix}$ について

$$\begin{pmatrix} a \\ c \end{pmatrix} = \begin{pmatrix} \pi^1 \circ r \circ \beta \\ \pi^2 \circ r \circ \gamma \end{pmatrix} = \begin{pmatrix} \pi^1 \circ r \circ r_1 \circ x \\ \pi^2 \circ r \circ r_2 \circ x \end{pmatrix}$$

と計算できるが，条件から

$$\begin{pmatrix} \pi^1 \circ r \circ r_1 \circ x \\ \pi^2 \circ r \circ r_2 \circ x \end{pmatrix} = \begin{pmatrix} \pi^1 \circ r \circ \bar{r} \circ x \\ \pi^2 \circ r \circ \bar{r} \circ x \end{pmatrix} = \begin{pmatrix} \pi^1 \\ \pi^2 \end{pmatrix} \circ r \circ \bar{r} \circ x = r \circ \bar{r} \circ x$$

と変形できる．ということで $\begin{pmatrix} a \\ c \end{pmatrix} \in r$ であることがわかった．条件を振り返ってみると，$R \times_A R$ というのが $\begin{pmatrix} a \\ b \end{pmatrix}$ と $\begin{pmatrix} b \\ c \end{pmatrix}$ との組全体の集合になっていて，$\bar{r}$ はこの組から $\begin{pmatrix} a \\ c \end{pmatrix}$ を取り出す射なんだな.

3. Set における合同関係

S：これで **Set** では合同関係から同値関係が導かれることがわかったことになる．合同関係の定義には要素のかわりに一般の射が用いられているから，これは **Set** に限らず引き戻しの存在などいくつか必要な条件を満たす圏であれば考えることができる概念だ．その意味で，合同関係は同値関係を一般の文脈に適用可能にしたものといえるだろう．とはいえ，**Set** においては二つの概念が同値となる．合同関係から同値関係が導かれるだけでなく，逆に同値関係から合同関係が導かれるからだ.

N：つまり合同関係というのは，**Set** では同値関係と同値でありながら，より一般の圏でも定義され得る二項関係だということか.

S：その通りだ．では，同値関係から合同関係を導こう．同値関係が要素の帰属関係で記述されている一方で合同関係は射によって定められているから，鍵となるのは要素間の対応と射との間にある関係だ．具体的には次の二つの主張が要となる：

主張 1　A の部分 $M \xrightarrow{m} A$ および $N \xrightarrow{n} A$ について，m に属す A の要素がつねに n に属すとき，$m \subset n$ である．

主張 2　集合 X, Y の積 $X \times Y$ 上の命題 $X \times Y \xrightarrow{P} \Omega$ について，任意の $x \in X$ に対して $y \in Y$ で $P \circ \begin{pmatrix} x \\ y \end{pmatrix} = \mathrm{True}$ となるようなものがただ一つ存在するとき，射 $X \xrightarrow{f} Y$ で

$$P = =_Y \circ (f \times 1_Y)$$

をみたすものが存在する．ここに $=_Y$ は Y の対角射 δ_Y の特性射である．

N：主張 1 は前回示した補題 4 の逆だな．

S：主張 2 については以前示したことで，要は要素の対応が写像を定めるということだ [*4]．ひとまず主張 1 については認めた上で，A 上の同値関係 $R \xrightarrow{r} A \times A$ が合同関係であることを示そう．まず反射律だが，$\alpha \in A \times A$ で $\alpha \in \delta_A$ となるようなものを考える．このとき $a \in A$ で $\alpha = \delta_A \circ a$ なるものがとれる．$\delta_A \circ a = \begin{pmatrix} a \\ a \end{pmatrix}$ だから，同値関係の反射律によって $\alpha = \begin{pmatrix} a \\ a \end{pmatrix} \in r$ となる．主張 1 から $\delta_A \subset r$ だ．

N：なるほど，確かに要素間の対応から包含関係が定まっているな．対称律についても同様に，$\beta \in A \times A$ で $\beta \in \begin{pmatrix} \pi^2 \\ \pi^1 \end{pmatrix} \circ r$ であるようなものをとると，$x \in R$ で $\beta = \begin{pmatrix} \pi^2 \\ \pi^1 \end{pmatrix} \circ r \circ x$ となるものが存在する．変形すると $\begin{pmatrix} \pi^2 \\ \pi^1 \end{pmatrix} \circ \beta = r \circ x$ となるから $\begin{pmatrix} \pi^2 \circ \beta \\ \pi^1 \circ \beta \end{pmatrix} = \begin{pmatrix} \pi^2 \\ \pi^1 \end{pmatrix} \circ \beta \in r$ だが，

*4　単行本第 1 巻第 11 話第 4 節参照.

同値関係の対称律から $\begin{pmatrix}\pi^1\circ\beta\\ \pi^2\circ\beta\end{pmatrix}\in r$ が従う． $\begin{pmatrix}\pi^1\circ\beta\\ \pi^2\circ\beta\end{pmatrix}=\begin{pmatrix}\pi^2\\ \pi^1\end{pmatrix}\circ\beta=\beta$ だから主張 1 によって $\begin{pmatrix}\pi^2\\ \pi^1\end{pmatrix}\circ r\subset r$ がいえる．

S：最後は推移律だ． $\rho\in R\times_A R$ を任意にとる． $r\circ r_1\circ\rho$ や $r\circ r_2\circ\rho$ は r に属すが，これらはそれぞれ $\begin{pmatrix}\pi^1\circ r\circ r_1\circ\rho\\ \pi^2\circ r\circ r_1\circ\rho\end{pmatrix}$, $\begin{pmatrix}\pi^1\circ r\circ r_2\circ\rho\\ \pi^2\circ r\circ r_2\circ\rho\end{pmatrix}$ と書けて，しかも $\pi^2\circ r\circ r_1\circ\rho=\pi^1\circ r\circ r_2\circ\rho$ だから，同値関係の推移律によって $\begin{pmatrix}\pi^1\circ r\circ r_1\circ\rho\\ \pi^2\circ r\circ r_2\circ\rho\end{pmatrix}$ が r に属す．よって $\sigma\in R$ で $\begin{pmatrix}\pi^1\circ r\circ r_1\circ\rho\\ \pi^2\circ r\circ r_2\circ\rho\end{pmatrix}=r\circ\sigma$ となるようなものが存在する． r は単射だからこのような σ は一意で，主張 2 の条件がみたされる．したがって $R\times_A R\xrightarrow{\bar{r}}R$ で，任意の $\rho\in R\times_A R$ に対して $\begin{pmatrix}\pi^1\circ r\circ r_1\circ\rho\\ \pi^2\circ r\circ r_2\circ\rho\end{pmatrix}=r\circ\bar{r}\circ\rho$ であるようなものが存在する．左辺は $\begin{pmatrix}\pi^1\circ r\circ r_1\\ \pi^2\circ r\circ r_2\end{pmatrix}\circ\rho$ だから，well-pointed 性によって $\begin{pmatrix}\pi^1\circ r\circ r_1\\ \pi^2\circ r\circ r_2\end{pmatrix}=r\circ\bar{r}$ がいえる．左辺は $\begin{pmatrix}\pi^1\circ r\circ\bar{r}\\ \pi^2\circ r\circ\bar{r}\end{pmatrix}$ に等しいから，合同関係の推移律が得られたことになる．

> **定理 3**　**Set** において，同値関係と合同関係とは等価である．

4. 要素の対応から定まる射：包含関係

N：あとは主張 1 の証明か．

S：主張 2 と同じくこちらもトポスとしての性質が深く関わっている． m, n の特性射をそれぞれ φ_m, φ_n とする． $a\in A$ が m に属すことと $\varphi_m\circ a=\mathrm{True}$ であることとが同値だということに注意すれ

ば，主張1の条件は

$$\varphi_m \circ a = \mathrm{True} \text{ ならば } \varphi_n \circ a = \mathrm{True} \text{ である}$$

ことと同値だ．すると任意の $x \in M$ に対して，$\varphi_m \circ m \circ x = \mathrm{True}$ だから $\varphi_n \circ m \circ x = \mathrm{True}$ だ．well-pointed 性により，これは $\varphi_n \circ m = \mathrm{True} \circ !_M$ であることを意味する．このとき引き戻しの性質により，$M \xrightarrow{u} N$ で

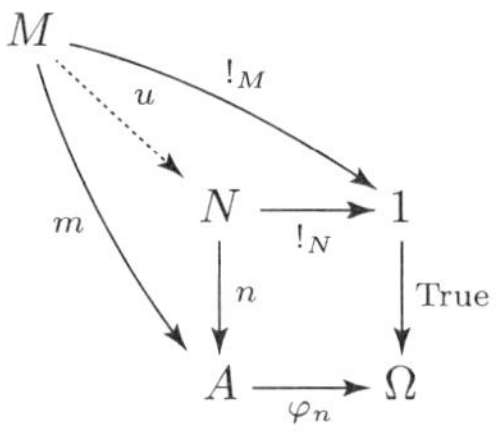

を可換にするものが存在する．したがって $m \subset n$ だ．

N：部分対象分類子が出てくるとは，君の言う通りトポスであることが重要になっているようだな．

5. 同値関係に基づく分割

S：これで **Set** においては同値関係と合同関係とが等価であることがわかった．ところで我々は同値関係というものを分割を基にして導入したが，実は逆に同値関係から分割を定めることができる．手始めに A 上の同値関係 $R \xrightarrow{r} A \times A$ について，各要素 $a \in A$ に対して「a と関係のあるものたち全体」を表す A の部分 $R_a \xrightarrow{\jmath_a} A$ を考え，これらが分割から定まるファイバーと同様の性質を持つことを確かめよう．確かめたいのは

- 各 $a \in A$ が $\jmath_a$ に属すること

- $a, b, c \in A$ に対して，$c \in \mathcal{I}_a \cap \mathcal{I}_b$ ならば $\mathcal{I}_a \subset \mathcal{I}_b$ かつ $\mathcal{I}_b \subset \mathcal{I}_a$ であること

の二点だ．

N：二つ目の点は互いに包含し合っているわけだし，普通の集合論だと「$\mathcal{I}_a = \mathcal{I}_b$」となるところだな．

S：「同じ特性射を持つ」とも言い換えられる．実はこれは A の部分たち全体の上の同値関係を定めていて，同値関係にあるものを同一視することによって得られるものを一般には**部分対象**と呼ぶ．この概念を用いれば，君が言った通り互いに等しいといえるわけだが，まあ必要になったらちゃんと定義しよう．話を戻してまずは「a と関係のあるものたち全体」だが，これは $A \times A$ の積としての標準的な射を $A \xleftarrow{\pi^1} A \times A \xrightarrow{\pi^2} A$ として，$1 \xrightarrow{a} A \xleftarrow{\pi^1 \circ r} R$ の引き戻しを通じて定義される[*5]．

N：この部分はファイバーを考えたときと同じだな．第一成分が a であるような $A \times A$ の要素全体ということだから，集合論の内包表記を借りれば $\left\{ \begin{pmatrix} a \\ b \end{pmatrix} \in A \times A \,\middle|\, b \in A \right\}$ か．だがそもそも $\pi^1 \circ r$ は，ファイバーを考えたときと同じく全射なのか？

S：これは r が単なる二項関係では一般には成り立たないことだが，r が反射律をみたしていれば $\pi^1 \circ r$ や $\pi^2 \circ r$ は全射となる．圏論的な議論の扱いやすさを重視して合同関係の反射律に基づけば $\delta_A \subset r$ ということだが，これは $A \xrightarrow{f} R$ で $\delta = r \circ f$ となるものが存在することを意味する．両辺に左から π^1 を合成すれば $1_A = \pi^1 \circ r \circ f$

---

*5　ここでは π^1 を使っているが，r が対称律をみたすから，π^2 を使っても等価なものが得られる．

で，$\pi^1 \circ r$ が右簡約可能なことがわかったから全射だ.

N：なるほどな．では問題の引き戻しをファイバーのときと同じく

$$\begin{array}{ccc} R_a & \xrightarrow{\iota_a} & R \\ \downarrow & & \downarrow{\scriptstyle \pi^1 \circ r} \\ 1 & \xrightarrow[a]{} & A \end{array}$$

としよう．ι_a が $\left\{\begin{pmatrix} a \\ b \end{pmatrix} \in A \times A \;\middle|\; b \in A \right\}$ に相当するから，「b たち全体」を得るためには第二成分をとれば良いか.

S：つまり求めるものは $R_a \xrightarrow{\iota_a} R \xrightarrow{r} A \times A \xrightarrow{\pi^2} A$ だということになる．これを $\jmath_a$ とおこう．これは単射で，つまり $R_a \xrightarrow{\jmath_a} A$ は A の部分となる．実際，$X \overset{\alpha}{\underset{\beta}{\rightrightarrows}} R_a \xrightarrow{\jmath_a} A$ が可換だとすると，

$$\pi^1 \circ \iota_a \circ \alpha = a \circ !_{R_a} \circ \alpha = a \circ !_X$$
$$\pi^1 \circ \iota_a \circ \beta = a \circ !_{R_a} \circ \beta = a \circ !_X$$

であることから，$\iota_a \circ \alpha$ と $\iota_a \circ \beta$ とは二つの成分それぞれが等しいことになる．ι_a は単射だからこれは $\alpha = \beta$ ということだ．あとは先程挙げた二つの性質を確かめるだけだが，その前に $a, b \in A$ に対して

$$\begin{pmatrix} a \\ b \end{pmatrix} \in r \iff b \in \jmath_a \tag{3.1}$$

であることを確かめておこう.

N：まあ「そういうもの」を目指して定めたわけだから，そうでなければ困るな．$\begin{pmatrix} a \\ b \end{pmatrix} \in r$ なら，$\alpha \in R$ で $\begin{pmatrix} a \\ b \end{pmatrix} = r \circ \alpha$ となるものが存在する．$a = \pi^1 \circ r \circ \alpha$ だから，引き戻しの性質により，$u \in R_a$ を用いて $\alpha = \iota_a \circ u$ と表せる．これを用いれば，$b = \pi^2 \circ r \circ \alpha = \pi^2 \circ r \circ \iota_a \circ u = \jmath_a \circ u$ で，$b \in \jmath_a$ がわかる．この逆を辿れば，$b \in \jmath_a$

のときに$\begin{pmatrix} a \\ b \end{pmatrix} \in r$であることもわかる．

S：ここまでやれば，一つ目の性質「$a \in \mathscr{J}_a$」なんかは明らかだろう．反射律によって$\begin{pmatrix} a \\ b \end{pmatrix} \in r$なのだから．二つ目の性質については「$c \in \mathscr{J}_a \cap \mathscr{J}_b$」が「$c \in \mathscr{J}_a$かつ$c \in \mathscr{J}_b$」と言い換えられることに注意すれば良い．

N：(3.1) によれば「$\begin{pmatrix} a \\ c \end{pmatrix} \in r$かつ$\begin{pmatrix} b \\ c \end{pmatrix} \in r$」という前提なわけだな．二つ目は対称律により$\begin{pmatrix} c \\ b \end{pmatrix} \in r$だから，二つの条件を合わせれば推移律によって$\begin{pmatrix} a \\ b \end{pmatrix} \in r$ということだとわかる．$x \in \mathscr{J}_a$を任意にとると，これは$\begin{pmatrix} a \\ x \end{pmatrix} \in r$ということで，$\begin{pmatrix} a \\ b \end{pmatrix} \in r$と反射律，推移律とを合わせれば$\begin{pmatrix} b \\ x \end{pmatrix} \in r$，すなわち$x \in \mathscr{J}_b$がいえる．よって$\mathscr{J}_a \subset \mathscr{J}_b$ということだ．逆も同じだな．

S：ということで，同値関係から定まる「要素$a \in A$と関係のあるものたち全体」という部分たちが，分割から定まるファイバー全体と同様の性質を持つことがわかった．

N：それで，どうやって同値関係から分割を定めるんだ．

S：これは簡単で，$\pi^1 \circ r$, $\pi^2 \circ r$の余解（コイコライザ）を考えれば良い：

$$R \overset{\pi^1 \circ r}{\underset{\pi^2 \circ r}{\rightrightarrows}} A \xrightarrow{p} I$$

余解（コイコライザ）は全射だから[*6]，これはAの分割だ．

N：なんとも肩透かしだな．こんなことで終わりで良いのか．

---

*6　$X \overset{\alpha}{\underset{\beta}{\rightrightarrows}} Y \xrightarrow{c} Z$を余解（コイコライザ）とする．$Y \xrightarrow{c} Z \overset{x}{\underset{y}{\rightrightarrows}} W$が可換であるとし，$z := x \circ c = y \circ c$とおく．$z \circ \alpha = z \circ b$だから余解（コイコライザ）の性質から$Z \xrightarrow{u} W$で$z = u \circ c$となるものが一意に存在する．したがって$u = x = y$である．

S：当然違う．こうして分割が得られたわけだが，分割からは同値関係が定められるのだから，元の同値関係とのつながりが気になるところだ．分割 p 同士の引き戻し

$$\begin{array}{ccc} A\times_I A & \xrightarrow{p_2} & A \\ {\scriptstyle p_1}\downarrow & & \downarrow{\scriptstyle p} \\ A & \xrightarrow[p]{} & I \end{array}$$

として得られる同値関係 $A\times_I A \xrightarrow{\binom{p_1}{p_2}} A\times A$ について，$a, b\in A$ に対して

$$p\circ a=p\circ b \iff \begin{pmatrix}a\\b\end{pmatrix}\in\begin{pmatrix}p_1\\p_2\end{pmatrix}$$

だったから，元の同値関係 r に対して「$\begin{pmatrix}a\\b\end{pmatrix}\in r$」であることと「$p\circ a=p\circ b$」であることとの関係を調べよう．

N：$\begin{pmatrix}a\\b\end{pmatrix}\in r$ なら，$\alpha\in R$ で $\begin{pmatrix}a\\b\end{pmatrix}=r\circ\alpha$ であるようなものが存在するから

$$p\circ a=p\circ\pi^1\circ r\circ\alpha=p\circ\pi^2\circ r\circ\alpha=p\circ b$$

となる．なんとも肩透かしだな．こんなことで終わりで良いのか．

S：当然違う．「$\begin{pmatrix}a\\b\end{pmatrix}\in r \implies p\circ a=p\circ b$」自体は，今君がいとも簡単に示してしまったことからもわかるように，r がどんな二項関係でも成り立つことなんだ．この逆の関係こそが深遠かつややこしい話となる．次回はこのあたりを追及していこう．

N：ほう，ややこしいのか．あいにく次回は都合が悪いんだ．

S：まだいつ話し合うとも言っていないだろうが．

N：来月は任意の日が忙しいんだ．

S：くだらん言い訳を考えている暇があるのならトポスの復習でもしておきたまえ．次回もトポスが重要となるから．

1. 補集合

S：ここしばらく分割と同値関係との間の関係について調べてきていたが，いよいよ大詰めだ．同値関係 $R \xrightarrow{r} A\times A$ に対して，$R \underset{\pi^2\circ r}{\overset{\pi^1\circ r}{\rightrightarrows}} A$ の余解（コイコライザ）として分割 $A \xrightarrow{p} I$ が定まるが，r と p との間には，$a,b\in A$ に対して

$$\begin{pmatrix}a\\b\end{pmatrix}\in r \Longrightarrow p\circ a=p\circ b$$

という関係があった．

N：このこと自体は r が同値関係でなくても成り立つことだったな．

S：そう．だが同値関係であれば，逆の関係も成り立つんだ．このことを示すために，$a,b\in A$ で $p\circ a=p\circ b$ ではあるが $\begin{pmatrix}a\\b\end{pmatrix}\in r$ とならないようなものが存在したとして，矛盾を導こう．

N：なるほど，最終的に矛盾した結果が得られれば，そのような $a,b\in A$ は存在しないことになって逆の関係がいえる．

S：「$\begin{pmatrix}a\\b\end{pmatrix}\in r$ でない」ことを「$\begin{pmatrix}a\\b\end{pmatrix}\notin r$」と書くが，この関係を取り扱うために「補集合」の概念を導入しよう．

定義1　集合 A の任意の部分 $M \xrightarrow{m} A$ に対して，その特性射を $A \xrightarrow{\varphi} \Omega$ とおく．$1 \xrightarrow{\text{False}} \Omega$ による引き戻しを $M^C \xrightarrow{m^C} A$ と書き，M の A に関する**補集合**と呼ぶ：

$$\begin{array}{ccccc} M & \xrightarrow{m} & A & \xleftarrow{m^C} & M^C \\ \downarrow & & \downarrow \varphi & & \downarrow \\ 1 & \xrightarrow[\text{True}]{} & \Omega & \xleftarrow[\text{False}]{} & 1 \end{array} \tag{4.1}$$

N：φ の立場から見れば $M \xrightarrow{m} A$ というのは，$a \in A$ のうち $\varphi \circ a = \text{True}$ となるようなもの全体だったから，そうでないもの全体として補集合 $M^C \xrightarrow{m^C} A$ を定義するわけか．

S：ここで非常に重要なことを思い出して欲しいのだが，**Set** では「$1+1=2$」が成り立っていた．

N：ほう，なるほど．酷暑のもたらした君の脳への影響は甚大と見えるな．そんな当たり前のことを尤もらしく語るなんて．いや，これは前からか．

S：なにをごちゃごちゃ言っているんだ．これは $1 \xrightarrow{\text{True}} \Omega$, $1 \xrightarrow{\text{False}} \Omega$ から定まる $1+1 \xrightarrow{(\text{True}\ \ \text{False})} \Omega$ が同型だということを象徴的に言い換えただけだ．

N：それならそうと言いたまえ．このことは確かトポスの基本定理を経て示したことだったな，思い出したくもない．

S：この性質が定義の図式 (4.1) を通じて m, m^C にも伝播するんだ．そのために，今一度トポスのどういった性質が「$1+1=2$」を成り立たせていたかを振り返ろう．

N：最近肩凝りが悪化して振り返れないんだ．

S：君のとんまな首や肩の話はしていないよ．この事実には，トポスのスライス圏においては分配法則が成り立つということが深く関わっていた*1．あとは元の圏からスライス圏にうつるとき，引き戻しは引き戻しに，余積は余積にうつることを押さえておけばもう話は済んだようなものだ．図式（4.1）をスライス圏 **Set**/Ω で考えよう．

N：$\mathrm{True}_M := \mathrm{True} \circ !_M$，$\mathrm{False}_M := \mathrm{False} \circ !_{M^C}$ とおいておこう．図式（4.1）は引き戻しの図式がつながったものだから，スライス圏でも引き戻しの図式がつながったもの

$$\begin{array}{ccccc}
[\mathrm{True}_M] & \xrightarrow{m} & [\varphi] & \xleftarrow{m^C} & [\mathrm{False}_M] \\
\downarrow{\scriptstyle !_M} & & \downarrow{\scriptstyle \varphi} & & \downarrow{\scriptstyle !_{M^C}} \\
[\mathrm{True}] & \xrightarrow[\mathrm{True}]{} & [1_\Omega] & \xleftarrow[\mathrm{False}]{} & [\mathrm{False}]
\end{array}$$

にうつる．だが，$[1_\Omega]$ は **Set**/Ω の終対象だから，これは実質的には積の図式を表していて

$$[\mathrm{True}_M] \cong [\varphi] \times [\mathrm{True}], \quad [\mathrm{False}_M] \cong [\varphi] \times [\mathrm{False}] \tag{4.2}$$

だ．**Set** における射 $M + M^C \xrightarrow{(\mathrm{True}_M \ \ \mathrm{False}_M)} \Omega$ に対応した **Set**/Ω の対象 $[(\mathrm{True}_M \ \ \mathrm{False}_M)]$ について，

$$\begin{aligned}
[(\mathrm{True}_M \ \ \mathrm{False}_M)] &\cong [\mathrm{True}_M] + [\mathrm{False}_M] \qquad (4.3)\\
&\cong [\varphi] \times [\mathrm{True}] + [\varphi] \times [\mathrm{False}] \\
&\cong [\varphi] \times ([\mathrm{True}] + [\mathrm{False}]) \\
&\cong [\varphi] \times [(\mathrm{True} \ \ \mathrm{False})] \qquad (4.4)
\end{aligned}$$

と変形できる．**Set** における自明な可換図式

*1 単行本第 1 巻第 12 話参照.

$$\begin{array}{ccc} 1+1 & \xrightarrow{(\mathrm{True}\ \ \mathrm{False})} & \Omega \\ {\scriptstyle (\mathrm{True}\ \ \mathrm{False})}\big\downarrow & \nearrow_{1_\Omega} & \\ \Omega & & \end{array}$$

から **Set**/Ω における同型 $[(\mathrm{True}\ \ \mathrm{False})] \xrightarrow{(\mathrm{True}\ \ \mathrm{False})} [1_\Omega]$ が従うから

$$[\varphi]\times[(\mathrm{True}\ \ \mathrm{False})]\cong[\varphi]\times[1_\Omega]\cong[\varphi]$$

だ．$[\varphi]$ は **Set** の $A \xrightarrow{\varphi} \Omega$ に対応するから，この一連の変形は同型 $M+M^C \longrightarrow A$ で

$$\begin{array}{ccc} M+M^C & \xrightarrow{(\mathrm{True}_M\ \ \mathrm{False}_M)} & \Omega \\ \big\downarrow & \nearrow_{\varphi} & \\ A & & \end{array}$$

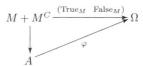

を可換にするものが存在することを意味している．

S：この同型がどんなものであるかは，君が変形していったそれぞれの同型を見ていけば良い．これらは積や余積の性質，あるいはそれらの複合である分配法則から出るものだ．同型 (4.3) は，**Set** における余積

$$\begin{array}{ccccc} M & \xrightarrow{\iota^1_{M,M^C}} & M+M^C & \xleftarrow{\iota^2_{M,M^C}} & M^C \\ & {\scriptstyle \mathrm{True}_M}\searrow & \vdots\downarrow & \swarrow{\scriptstyle \mathrm{False}_M} & \\ & & \Omega & & \end{array}$$

から得られる **Set**/Ω の図式

$$[\mathrm{True}_M] \xrightarrow{\iota^1_{M,M^C}} [(\mathrm{True}_M\ \ \mathrm{False}_M)] \xleftarrow{\iota^2_{M,M^C}} [\mathrm{False}_M] \tag{4.5}$$

が余積の図式であることを意味している．同様に (4.4) は，$[\varphi]$ との積をとっているが，これは **Set** の余積と **Set**/Ω の余積との対応から得られる

$$[\mathrm{True}] \xrightarrow{\iota^1_{1,1}} [(\mathrm{True}\ \ \mathrm{False})] \xleftarrow{\iota^2_{1,1}} [\mathrm{False}]$$

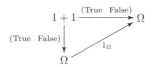

が **Set**/Ω の余積の図式であることを基にしている．これと同型 $[(\mathrm{True}\ \mathrm{False})]\cong[1_\Omega]$ とを合わせた上で $[\varphi]$ との積をとり，(4.2)，(4.5) と結合すれば，可換図式：

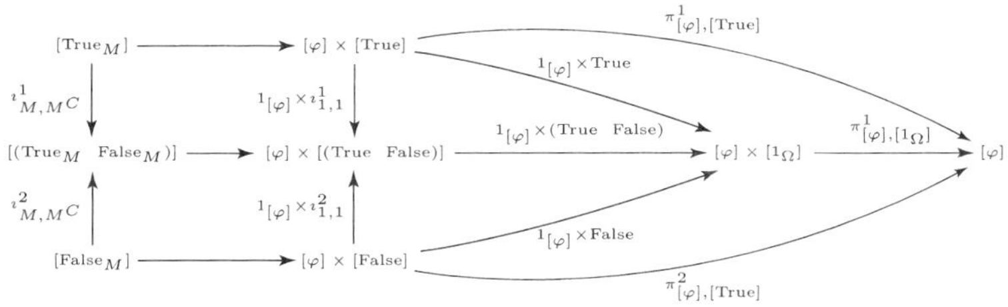

が得られる．同型 $[\mathrm{True}_M]\longrightarrow[\varphi]\times[\mathrm{True}]$ は $\begin{pmatrix} m \\ !_M \end{pmatrix}$ で，$\pi^1_{[\varphi],[\mathrm{True}]}$ との合成をとれば $[\mathrm{True}_M]\xrightarrow{m}[\varphi]$ だ．同様にして $[\mathrm{False}_M]$ の方については $[\mathrm{False}_M]\xrightarrow{m^C}[\varphi]$ が得られる．従って，求める同型 $M+M^C\longrightarrow A$ は $(m\ m^C)$ だとわかる．あとは m, m^C が互いに素であることも示しておこう．引き戻しの図式

$$\begin{array}{ccc} M\cap M^C & \longrightarrow & M^C \\ \downarrow & & \downarrow{\scriptstyle m^C} \\ M & \xrightarrow[m]{} & A \end{array}$$

を考え，$M\cap M^C$ がなんらかの要素を持つとしよう．すると $x\in M$, $y\in M^C$ で $m\circ x=m^C\circ y$ なるものが存在することになる．ところが，この両辺に左から φ を合成すると左辺は True，右辺は False になるから矛盾だ [*2]．**Set** の始対象でない対象は必ず要素を持つから [*3]，これは $M\cap M^C\cong 0$ を意味している．したがって

*2 **Set** において True ≠ False であることは，well-pointed の条件に含まれる非退化性「終対象 1 は始対象 0 でない」ことによる．というのも True は恒等射 $1\longrightarrow 1$ の特性射，False は一意な射 $0\longrightarrow 1$ の特性射だからである．

*3 単行本第 1 巻第 10 話の系 9.

m, m^C は互いに素だ.

> **定理2**　集合 A の任意の部分 $M \xrightarrow{m} A$ に対して，その補集合 $M^C \xrightarrow{m^C} A$ を考えると $M+M^C \xrightarrow{(m\, m^C)} A$ は同型で[*4]，また m, m^C は互いに素である.

Set では，Ω が True と False との二つの要素しか持たないという著しい性質があった．このことによって，集合の任意の部分について，どんな要素も考えている部分に属するか，あるいはその補集合に属するかの二つに一つだということがわかったことになる．さて前回，同値関係 $R \xrightarrow{r} A\times A$ に対して,「$a\in A$ と関係のある要素全体」を表す部分 $R_a \xrightarrow{\jmath_a} A$ を定義して，任意の $b\in A$ に対して

$$\begin{pmatrix} a \\ b \end{pmatrix} \in r \iff b\in \jmath_a$$

であることを示した．補集合の概念によって，この否定について

$$\begin{pmatrix} a \\ b \end{pmatrix} \notin r \iff b\notin \jmath_a \iff b\in \jmath_a^C$$

と記述できるようになったことになる.

N:「属さない」というだけだとどこにあるのか不安になるが，そういった場合でもはっきりとした帰属先が定められたわけだな.

2. 分割と同値関係との対応

S: それで最初の話に戻るが，$a, b\in A$ で $p\circ a = p\circ b$ ではあるが $\begin{pmatrix} a \\ b \end{pmatrix} \notin r$ であるものが存在したとしよう．同値関係の観点からは関

[*4] より一般に，トポスにおいては余積の引き戻しが余積となる.

係ないものとなっているにもかかわらず，分割 p による値は等しいという状況だ.

N：要は A の要素たちを上手くわけられていないということだな.

S：p は余解（コイコライザ）として定義されていて，最良の分割であるはずなのに上手くいっていない. そこでより良い分割を作って p が最良であることに矛盾する結果が得られるということを示そう. やるべきことは単純で，新たな分割 $\tilde{p}$ を，p の一部分を調整して

- $\tilde{p}$ は $\jmath_a^C$ 上では p に一致する
- $\tilde{p}$ は $\jmath_a$ 上では I のどの値にも等しくない値をとる

ようにすれば良い.

N：使えるところはそのままにして，問題が生じている $\jmath_a$ 上でだけ他と違う値をとるように変更するんだな.

S：こうすれば $\tilde{p}\circ a\neq\tilde{p}\circ b$ とできる. では実際に $\tilde{p}$ を構成しよう. まず先程証明した定理によって，$R_a \xrightarrow{\jmath_a} A \xleftarrow{\jmath_a^C} R_a^C$ は余積を表す図式となることに注意してくれ. この上で $\tilde{p}$ を

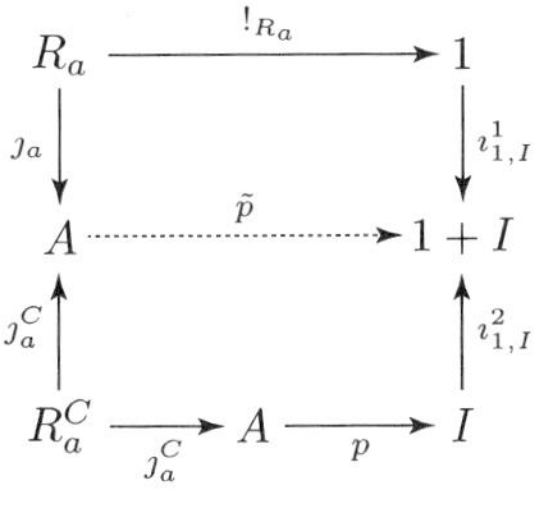

によって定める.

N：$x\in\jmath_a$ については，$\alpha\in R_a$ で $x=\jmath_a\circ\alpha$ となるものが存在するから

$$\tilde{p}\circ x=\tilde{p}\circ\jmath_a\circ\alpha=\iota^1_{1,I}\circ !_{R_a}\circ\alpha=\iota^1_{1,I} \tag{4.6}$$

となる．一方で，$y \in \jmath_a^C$ については，$\beta \in R_a$ で $y = \jmath_a^C \circ \beta$ となるものが存在するから

$$\tilde{p} \circ y = \tilde{p} \circ \jmath_a^C \circ \beta = \iota_{1,I}^2 \circ p \circ \jmath_a^C \circ \beta = \iota_{1,I}^2 \circ p \circ y \tag{4.7}$$

だ．見た目は確かに違う値のようだが，実際に異なるものなのか？ 特に $1 \xrightarrow{\iota_{1,I}^1} 1+I$ で，本当に「I のどの値にも等しくない値」とやらが実現できているのか？

S：これは，より一般の状況で成り立つ次の事実によって保障される：

> **定理3**　集合 X, Y の余積 $X \xrightarrow{\iota_{X,Y}^1} X+Y \xleftarrow{\iota_{X,Y}^2} Y$ について，$x \in X+Y$ で $x \in \iota_{X,Y}^1$ かつ $x \in \iota_{X,Y}^2$ であるようなものは存在しない．

これもまた先程と同様，True ≠ False と関わる結果だ．もしこのような要素が存在すると仮定すると，$a \in X$, $b \in Y$ で

$$x = \iota_{X,Y}^1 \circ a = \iota_{X,Y}^2 \circ b$$

であるようなものがとれる．すると

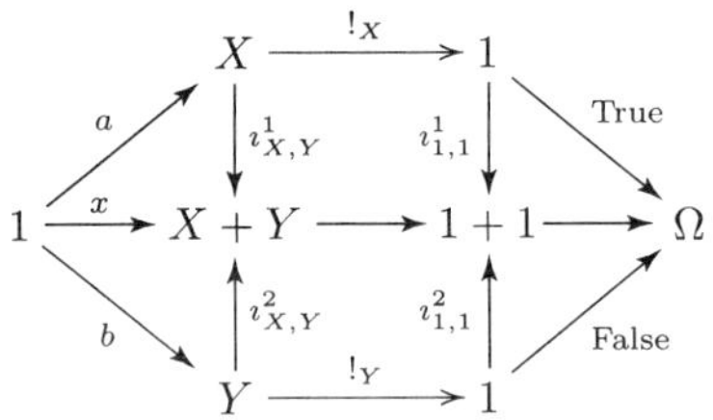

という可換図式が描けることになるが，これは True = False を意味するから矛盾だ．

N：なるほど．懸案の $a, b \in A$ について，a は $\jmath_a$ に属するから

$$\tilde{p} \circ a = \iota_{1,I}^1 \in \iota_{1,I}^1$$

で，b は $\jmath_a^C$ に属するから

$$\tilde{p}\circ b=\iota_{1,I}^2\circ b\in\iota_{1,I}^2$$

となる．もし $\tilde{p}\circ a=\tilde{p}\circ b$ なら，これは正に定理３で否定された状況になってしまうな．

S：ということでひとまずは望む分割が得られたことになる．次に p が余解（コイコライザ）であることを使うために，$R \overset{\pi^1\circ r}{\underset{\pi^2\circ r}{\rightrightarrows}} A$ に対して $\tilde{p}\circ\pi^1\circ r=\tilde{p}\circ\pi^2\circ r$ であることを示そう．まず任意に $\alpha\in R$ をとったとき，$\pi^1\circ r\circ\alpha$ が $\jmath_a$ に属していれば $\pi^2\circ r\circ\alpha$ もまた $\jmath_a$ に属するし，逆の関係も同様だということが重要だ．

N：$\begin{pmatrix}\pi^1\circ r\circ\alpha\\ \pi^2\circ r\circ\alpha\end{pmatrix}=\begin{pmatrix}\pi^1\\ \pi^2\end{pmatrix}\circ r\circ\alpha=r\circ\alpha\in r$ だから，対称律，推移律によって成り立つことだな．となると，$\pi^1\circ r\circ\alpha$, $\pi^2\circ r\circ\alpha$ の双方が $\jmath_a$ に属するか，あるいは $\jmath_a^C$ に属するかということか．

S：前者の場合，(4.6) によって

$$\tilde{p}\circ\pi^1\circ r\circ\alpha=\iota_{1,I}^1=\tilde{p}\circ\pi^2\circ r\circ\alpha$$

となるし，後者の場合は (4.7) によって

$$\begin{aligned}\tilde{p}\circ\pi^1\circ r\circ\alpha&=\iota_{1,I}^2\circ p\circ\pi^1\circ r\circ\alpha\\&=\iota_{i,I}^2\circ p\circ\pi^2\circ r\circ\alpha\\&=\tilde{p}\circ\pi^2\circ r\circ\alpha\end{aligned}$$

となる．つまり，いずれにしても

$$\tilde{p}\circ\pi^1\circ r\circ\alpha=\tilde{p}\circ\pi^2\circ r\circ\alpha$$

で，well-pointed 性から

$$\tilde{p}\circ\pi^1\circ r=\tilde{p}\circ\pi^2\circ r$$

がいえる．

N: これで余解^{コイコライザ}の性質を使うための準備ができたな. p は $\pi^1 \circ r$, $\pi^2 \circ r$, の余解^{コイコライザ}だから, 射 $I \xrightarrow{u} 1+I$ で

$$
\begin{array}{ccc}
R \underset{\pi^2 \circ r}{\overset{\pi^1 \circ r}{\rightrightarrows}} A & \xrightarrow{\ p\ } & I \\
 & \searrow_{\tilde{p}} & \downarrow^{u} \\
 & & 1+I
\end{array}
$$

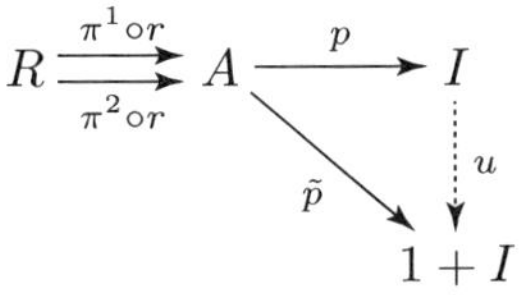

を可換にするものがただ一つ存在する.

S: 問題は p, \tilde{p} の $a, b \in A$ における値だ. $p \circ a = p \circ b$ だから

$$\tilde{p} \circ a = u \circ p \circ a = u \circ p \circ b = \tilde{p} \circ b$$

とならざるを得ないが, \tilde{p} はこうならないように作ったものだったから矛盾だ.

N: ということは, 元々の仮定が成り立たないということで, $p \circ a = p \circ b$ ならば $\binom{a}{b} \in r$ だということだな.

S: これで $p \circ a = p \circ b$ と $\binom{a}{b} \in r$ とが同値であることがわかった. 前回の, 分割から定まる同値関係についての同様の結果も合わせてまとめておこう.

定義 4 分割 $A \xrightarrow{p} I$ に対して, $A \xrightarrow{p} I \xleftarrow{p} A$ の引き戻しから A 上の同値関係が定まるが, これを分割 p に付随する**同値関係**と呼ぶ. 逆に, 同値関係 $R \xrightarrow{r} A \times A$ に対して, $R \underset{\pi^2 \circ r}{\overset{\pi^1 \circ r}{\rightrightarrows}} A$ の余解^{コイコライザ}として A の分割が定まるが, これを同値関係 r に付随する**分割**と呼ぶ.

定理 5 分割 $A \xrightarrow{p} I$ に付随する A 上の同値関係 r_p について，任意の $a, b \in A$ に対して

$$p \circ a = p \circ b \iff \binom{a}{b} \in r_p$$

である．また，同値関係 $R \xrightarrow{r} A \times A$ に付随する A の分割 p_r について，任意の $a, b \in A$ に対して

$$\binom{a}{b} \in r \iff p_r \circ a = p_r \circ b$$

である．これらから特に，同値関係 r_p に付随する A の分割 p_{r_p} について，任意の $a, b \in A$ に対して

$$p \circ a = p \circ b \iff p_{r_p} \circ a = p_{r_p} \circ b$$

であるという意味で，p_{r_p} は p と等価な分割である．また，分割 p_r に付随する同値関係 r_{p_r} について，任意の $a, b \in A$ に対して

$$\binom{a}{b} \in r \iff \binom{a}{b} \in r_{p_r}$$

であるという意味で，r_{p_r} は r と等価な同値関係である．

r と r_{p_r} との関係については，$r \subset r_{p_r}$ かつ $r_{p_r} \subset r$ ということだ．こういった包含関係は部分たちの間に順序を定めているわけだが，分割たちの間にも同様の，というか双対的な方法で順序を定めることができる．それは分割の「細かさ」に着目したものとなるが，定義 4 および定理 5 で述べた分割と同値関係との対応は，この順序構造を保ったものになっている．つまり関手なんだが，まあ今の話の流れでここまで行ってしまうのは脱線しすぎというものだろう．

N：ほう君，話の流れなんてものを覚えていたのか．

S：私はどんなことでも忘れるまでは覚えているという稀有な頭脳を持っているからな．さて次回は，同値関係とは限らない二項関係 r に対して r_{p_r} がどのような性質を持っているかについて調べていこう．

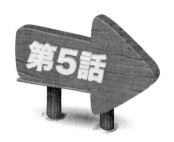

第5話

1. 二項関係が生成する同値関係

S：**Set** における分割と同値関係とが互いに対応していることがわかったところだが，最後に同値関係とは限らない一般の二項関係について調べて **Set** の話のひとまずの締めくくりとしたい.

N：**Set** では余解（コイコライザ）自体はどんな射のペアについても考えられるから，同値関係でなくても付随する分割を考えることができるわけか.

S：まず二項関係 $R \xrightarrow{r} A\times A$ に対して，$R \underset{\pi^2\circ r}{\overset{\pi^1\circ r}{\rightrightarrows}} A$ の余解（コイコライザ）として付随する分割 $A \xrightarrow{p_r} I$ を考える．これだけなら単純な話だけれど，ここからいわば「行って帰ってきた」同値関係が元の二項関係 r とどのような関係にあるのかという点が面白いところだ.

N：「帰り方」は $A \xrightarrow{p_r} I$ 同士の引き戻しを考えるんだったな.

S：引き戻しを基にして作れる $A\times_I A$ から $A\times A$ への射 r_{p_r} が問題の同値関係だ．さて，まず簡単にわかることだが，A の部分として r_{p_r} は r を含む.

N：$\begin{pmatrix}a\\b\end{pmatrix}\in A\times A$ で r に属するようなものをとる．これは $\alpha\in R$ で $\begin{pmatrix}a\\b\end{pmatrix}=r\circ\alpha$ というものが存在することを意味する．p_r は

$\pi^1 \circ r$, $\pi^2 \circ r$ の余解(コイコライザ)だから

$$p_r \circ a = p_r \circ \pi^1 \circ \begin{pmatrix} a \\ b \end{pmatrix} = p_r \circ \pi^2 \circ \begin{pmatrix} a \\ b \end{pmatrix} = p_r \circ b$$

で，$\begin{pmatrix} a \\ b \end{pmatrix} \in r_{p_r}$ だ．というわけで $r \subset r_{p_r}$ で，行って帰ってくると大きくなるんだな．元の二項関係 r に必要なものを足して同値関係として成立させたのが r_{p_r} だという感じか．

S：この「大きくさせ方」が絶妙なんだ．たとえば $A \times A \xrightarrow{1_{A \times A}} A \times A$ というのだって r を含む同値関係だが，$1_{A \times A}$ というのはどんな A 上の二項関係をも含むものだから，最早 r の面影は失われている．

N：たしかに大きくさせるだけなら一番大きなものを持ってこれば終わりだからな．それで，r_{p_r} というのはどう丁度良いんだ？

S：ざっくばらんに言えばギリギリ同値関係なんだ．

N：君，本当に数学の話をしているのかね？

S：「ざっくばらんに言えば」と断っているだろうが．ギリギリさ加減をよりもっともらしく言えば，「r を含む同値関係のうちで最小のもの」と表現できる．

N：要は，r_{p_r} より小さな同値関係だと r を含まなくて，r を含めながら小さくすると同値関係でなくなるわけか．

S：このことを示すために，r を含む同値関係 $R' \xrightarrow{r'} A \times A$ を任意にとろう．$r_{p_r} \subset r'$ となることがわかれば r_{p_r} の最小性がわかる．

N：r を含むどんな同値関係よりも小さいということだからな．

S：鍵となるのは，前回少しだけ触れた同値関係と分割との間の大小関係の対応，そして余解(コイコライザ)の余極限としての性質だ．

N：余極限だから射が常に出ていくわけで，最小だとか最大と関連し

ていそうな雰囲気はある．

S：そのあたりの雰囲気をうまく圏論の言葉で表現すれば良いだけだ．まず r' に付随する分割を $A\times A \xrightarrow{p_{r'}} I'$ とする．$r\subset r'$ ということは $R \xrightarrow{m} R'$ で $r=r'\circ m$ なるものが存在するから，$\pi^1\circ r,\ \pi^2\circ r$ に対して

$$\begin{aligned} p_{r'}\circ\pi^1\circ r &= p_{r'}\circ\pi^1\circ r'\circ m \\ &= p_{r'}\circ\pi^2\circ r'\circ m \\ &= p_{r'}\circ\pi^2\circ r \end{aligned}$$

が成り立つ．$A\times A \xrightarrow{p_r} I$ は $\pi^1\circ r,\ \pi^2\circ r$ の余解（コイコライザ）だから，$I \xrightarrow{u} I'$ で

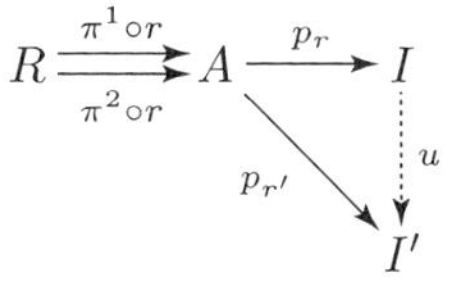

を可換にするものがただ一つ存在する．$\begin{pmatrix} a \\ b \end{pmatrix}\in A\times A$ で r_{p_r} に属するものを考えると，$p_r\circ a=p_r\circ b$ だから

$$\begin{aligned} p_{r'}\circ a &= u\circ p_r\circ a \\ &= u\circ p_r\circ b \\ &= p_{r'}\circ b \end{aligned}$$

で，すなわち $\begin{pmatrix} a \\ b \end{pmatrix}\in r'$ だ．これで $r_{p_r}\subset r'$ がわかった．

> **定理 1**　A 上の二項関係 r に対して，r に付随する分割 p_r に付随する同値関係 r_{p_r} は，r を含む同値関係のうちで包含関係から定まる大小関係に関して最小のものである．すなわち，r を含む任意の同値関係 r' に対して $r_{p_r}\subset r'$ である．これを r が**生成する同値関係**と呼ぶ．

同値関係に付随する分割には特別な名前が付いている：

定義 2 A 上の同値関係 r に付随する分割 p_r の余域を A/r と記し，A の r による**商集合**と呼ぶ．また $a \in A$ に対して $p_r \circ a$ を a の**同値類**と呼ぶ．

N:「商」とはいかにも「割り算」と関係しているような名前の付け方じゃないか．それにそもそもの出発点は「分割」だったし．

S: 実際，最も単純な例として，整数全体 $\mathbb{Z}$ をある除数に対しての剰余によって分類することが挙げられる．たとえば除数として 2 をとって，$\mathbb{Z}$ 上の同値関係 r_2 を

$$\begin{pmatrix} n \\ m \end{pmatrix} \in r_2 \iff n-m \text{ が } 2 \text{ で割り切れる}$$

と定義すれば，どんな整数 n に対しても $p_{r_2} \circ n$ は 0 の同値類か 1 の同値類かのいずれか一方に等しくなる．というわけで商集合 $\mathbb{Z}/r_2$ は 2 つの要素から成る集合だとわかる．我々は通常 0 の同値類を偶数，1 の同値類を奇数と呼んでいるわけだが．

N: それなら同じように 7 で割った余りを基にした r_7 を考えて，各日付をたとえば 2019 年 9 月 1 日からの経過日数と対応させて整数と見なせば曜日が得られるな．0 の同値類が日曜であるという風に．

S: このように商集合というのは，元の集合の要素たちを何らかのルールで等しいとみなしたときに得られる集合で，圏論的な考え方の萌芽ともいえる概念なんだ．

N:「同じさ」を同値関係で与えて，同一視した結果を商集合として得ているんだな．

S：この過程において，今示した定理1が便利だ．必要な関係を羅列すれば，それらをみたすような同値関係が得られるのだからな．

N：人間側で同値関係を完全に記述する必要がないということか．確かに便利そうだな．

2. 忘却関手と極限

S：**Set** における同値関係や商集合ついての理解も深まったことだから，ここからは今までの話を活かして **Mon** における対応物について調べていこう．

N：**Set** における同値関係という概念は，一般の圏では「合同関係」と呼ばれていたが，**Mon** では合同関係による商を調べていくことになるのか．

S：その通りだ．だが一からすべて構成する必要はないから安心してくれ．これはどんなモノイドも二項演算を備えた集合と同一視できて，かなりの概念が **Set** から **Mon** へとそのままに移行できるからだ．

N：原点に立ち戻るとモノイドは対象がただ一つの小さな圏だった．モノイド M の対象を $\bullet$，射全体の集合を $\hom(M)$ として，$\hom(M)$，射の合成 $\circ_M$，$\bullet$ の恒等射 $1_\bullet$ から成る三つ組をモノイドそのものと同一視していたな．このときモノイド間の関手 $M \longrightarrow N$ は $\hom(M)$ から $\hom(N)$ への写像で，関手性に由来するモノイド準同型性をみたすものだった．

S：言い換えれば **Mon** というのは，二項演算の定まった特別な集合を対象として持ち，モノイド準同型性をみたす特別な写像を射として持つ圏だといえるわけだ．**Mon** の対象に対応する集合のことは台集合と呼んでいた．**Mon** が **Set** に代数的な条件を付け加えたものだということは，それらの条件をとってしまえば **Set** に戻るともいえる．この関係性を表す関手を定義しよう．

定義3 **Mon** から **Set** への**忘却関手**を、モノイド M に対しては M の射全体の集合 $\hom(M)$ を対応させ，モノイド間の射 $M \longrightarrow N$ に対しては $\hom(M)$ から $\hom(N)$ への写像を対応させることで定める．**Mon** の射 $M \xrightarrow{f} N$ の忘却関手によるうつり先を $|M| \xrightarrow{f} |N|$ と書く．またモノイド M に対して $|M| = \hom(M)$ を M の**台集合**と呼ぶ.

N：モノイドの持っていた代数的な構造を忘れて構成要素だけの話にするわけか.「忘却関手」とは「燗酒で世のしがらみを忘却する」と考えれば大変覚えやすい名前じゃないか.

S：君がそれで良いなら好きにしてくれ．さてこの忘却関手と極限とが非常に深く関係している．

定理4 F を **Mon** から **Set** への忘却関手とする．**Mon** における型 $\mathcal{J}$ の図式 $\mathcal{J} \xrightarrow{D}$ **Mon** について，**Set** における型 $\mathcal{J}$ の図式 $\mathcal{J} \xrightarrow{D}$ **Mon** $\xrightarrow{F}$ **Set** が極限 $\langle L, \pi \rangle$ を持てば [*1]，集合 L にモノイド構造が一意に定まり，$\mathcal{J}$ の任意の対象 i に対して **Set** の射 π_i はモノイド準同型の条件をみたす．さらに L を台集合とするモノイド $\tilde{L}$ と π_i から定まるモノイド準同型の族としての自然変換 $\tilde{\pi}$ との組 $\langle \tilde{L}, \tilde{\pi} \rangle$ は D の極限となる.

*1 あとで振り返るが，ここでは一般射圏（コンマ圏）の対象としての記法を用いている.

N：なんだかややこしいな．**Mon** でも **Set** と同じ型の極限が考えられて，忘却関手と整合的だということか．

S：これによって，引き戻しなどが存在することがいえる．積の場合は以前構成したが，あのときも積の台集合が台集合の積になっていた[*2]．

N：そもそも極限というのは，対角関手 $\mathbf{Set} \xrightarrow{\Delta} \mathrm{Fun}(\mathcal{J}, \mathbf{Set})$ と図式 FD を圏 $\mathbf{1}$ から $\mathrm{Fun}(\mathcal{J}, \mathbf{Set})$ への関手と同一視したものとを用いて構成される一般(コンマ)射圏 $(\Delta \longrightarrow FD)$ の終対象だったな．$(\Delta \longrightarrow FD)$ の対象は集合 X と自然変換 $\Delta(X) \xRightarrow{t} FD$ との組 $\langle X, t\rangle$ だった[*3]．言い換えれば，$\mathcal{J}$ の任意の射 $i \xrightarrow{f} j$ に対して

$$\begin{array}{ccc} & & FD(i) \\ & \overset{t_i}{\nearrow} & \\ X & & \Big\downarrow {\scriptstyle FD(f)} \\ & \underset{t_j}{\searrow} & \\ & & FD(j) \end{array}$$

が可換になるような組 $\langle X, t\rangle$ ということだ．それで，前提条件は $(\Delta \longrightarrow FD)$ に終対象が存在して $\langle L, \pi\rangle$ だ，と．

S：あとは **Mon** における射がモノイド準同型性をみたす **Set** の射であることを使えば良い．まずは集合 L に二項演算 μ_L，単位元 u_L が備わることを示そう．一方がいえれば他方も同様にして示せるから，ここでは二項演算に着目して話を進める．$\mathcal{J}$ の射 $i \xrightarrow{f} j$ に対して $D(i) \xrightarrow{D(f)} D(j)$ が **Mon** の射であることは，

*2 単行本第 2 巻第 5 話の定理 1.

*3 本来は圏 $\mathbf{1}$ の対象とを合わせた三つ組となるが，圏 $\mathbf{1}$ の対象は一つしか存在しないため省略している．

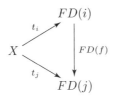

$$\begin{array}{ccc} FD(i)\times FD(i) & \xrightarrow{FD(f)\times FD(f)} & FD(j)\times FD(j)\\ {\scriptstyle \mu_{FD(i)}}\downarrow & & \downarrow{\scriptstyle \mu_{FD(j)}}\\ FD(i) & \xrightarrow[FD(f)]{} & FD(j)\end{array}$$

が可換であることを意味する．これと

$$\begin{array}{ccc} & L\times L & \\ {\scriptstyle \pi_i\times\pi_i}\swarrow & & \searrow{\scriptstyle \pi_j\times\pi_j}\\ FD(i)\times FD(i) & \xrightarrow[FD(\alpha)\times FD(\alpha)]{} & FD(j)\times FD(j)\end{array}$$

とを合わせれば，$L\times L$ から $FD(i)$ への射 $\mu_{FD(i)}\circ(\pi_i\times\pi_i)$ および $FD(j)$ への射 $\mu_{FD(j)}\circ(\pi_j\times\pi_j)$ が得られて，$L\times L$ とこれらの射から定まる自然変換との組が一般射（コンマ）圏 $(\Delta\to FD)$ の対象であることがわかる。終対象の性質から射 $L\times L\xrightarrow{\mu_L}L$ で，$\mathcal{J}$ の任意の対象 i に対して

$$\begin{array}{ccc} FD(i)\times FD(i) & \xleftarrow{\pi_i\times\pi_i} & L\times L\\ {\scriptstyle \mu_{FD(i)}}\downarrow & & \vdots\downarrow{\scriptstyle \mu_L}\\ FD(i) & \xleftarrow[\pi_i]{} & L\end{array}$$

を可換にするものが一意に存在する．これは μ_L を二項演算としたときに π_i たちがモノイド準同型であることを意味する条件の片割れだ．

N：単位元 u_L についても同様にして示せるということは，これで L がモノイド構造を持つことがわかったわけか．

S：いや，厳密にはまだ μ_L が結合律だのなんだのをみたすことを確認する必要がある．だがこの点を除けば，π_i たちがモノイド準同型の条件をみたすような L 上のモノイド構造が定まったことになる．しかもそれは終対象の性質から一意だ．さて結合律について

だけ確認しておこう．当然いつもの五角形の図式を考える必要がある．$\mathcal{J}$ の対象 i を一つ固定する． $L_i = FD(i)$, $\mu_i = \mu_{FD(i)}$ とおき，同型 $(L\times L)\times L \longrightarrow L\times(L\times L)$ を α，同型 $(L_i\times L_i)\times L_i \longrightarrow L_i\times(L_i\times L_i)$ を α^i とおくと次のように描ける：

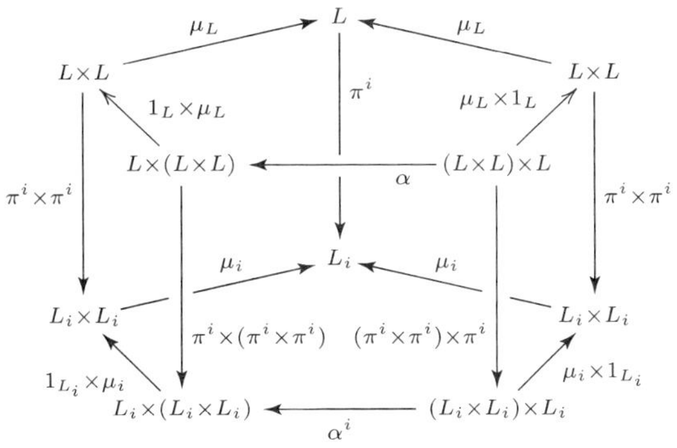

N：上側が可換性を示すべき結合律を表す五角形で，下側が $L_i = FD(i)$ を台集合とするモノイドの結合律を表す五角形だな．それらがモノイド準同型 π_i でつながっているわけか．

$$x = \mu_L \circ (1_L \times \mu_L) \circ \alpha$$
$$y = \mu_L \circ (\mu_L \times 1_L)$$

とでもおけば，下側の五角形の可換性から $\pi_i \circ x = \pi_i \circ y$ がいえる．

S：i はなんでも良かったから，$\mathcal{J}$ のすべての対象に対してこの関係が成り立つ． $z_i = \pi_i \circ x = \pi_i \circ y$ とおこう．$\mathcal{J}$ の任意の射 $i \xrightarrow{f} j$ に対して $FD(f) \circ z_i = FD(f) \circ \pi_i \circ x = \pi_j \circ x = z_j$ が成り立つから，z_i を i 成分として持つような自然変換を z とすれば $\langle (L\times L)\times L, z\rangle$ は一般射圏(コンマ圏) $(\Delta \longrightarrow FD)$ の対象だ．$\langle L, \pi\rangle$ は $(\Delta \longrightarrow FD)$ の終対象だから，射 $(L\times L)\times L \xrightarrow{w} L$ で，$\mathcal{J}$ の任意の対象 i に対して

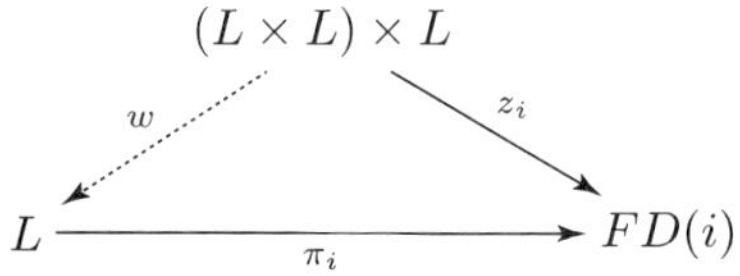

を可換にするものが一意に存在する．w として x をとっても，また y をとってもこの図式を可換にするから $x = y$ で，μ_L の結合律が得られた．単位律の方も同様にして示せるから，これで晴れて $\tilde{L} = \langle L, \mu_L, u_L \rangle$ はモノイドだと言える．

N：あとは，$\langle \tilde{L}, \tilde{\pi} \rangle$ が D の極限となることか．言い換えれば，これが一般射(コンマ)圏 $(\Delta \longrightarrow D)$ の終対象であることを示す必要がある．

S：ここでもやはり忘却関手が重要となってくる．$(\Delta \longrightarrow D)$ の対象を任意に一つとってきて $\langle X, t \rangle$ とおく．これを忘却関手で **Set** に送った $\langle |X|, |t| \rangle$ は $(\Delta \longrightarrow FD)$ の対象となるから，**Set** の射 $|X| \xrightarrow{v} L$ の任意の対象 i に対して

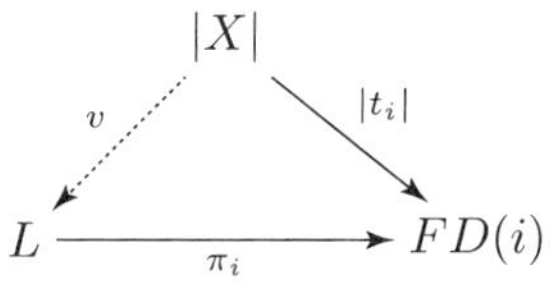

を可換にするものが一意に存在する．あとはこの v がモノイド準同型の条件をみたすことを示せば良い．例によって条件のうち一つだけ，v が二項演算と交換可能であることについて確認しよう．今までやってきたこととほとんど同じだが，$\mathcal{J}$ の対象を一つとってきて i とおいて，次の図式を考える．L_i, μ_i は先程の図式内で用いた略記をそのまま用いている．

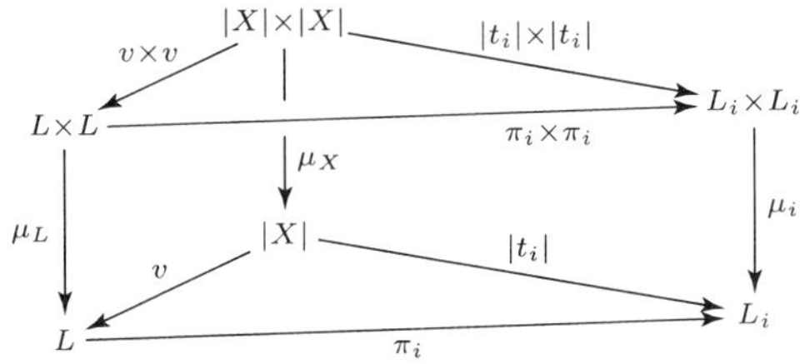

π_i, $|t_i|$がモノイド準同型の条件をみたすことから,

$$\pi_i \circ \mu_L \circ (v \times v) = \pi_i \circ w \circ \mu_X$$

で，これが$\mathcal{J}$のすべての対象について成り立つから，先程とまったく同じ理由で

$$\mu_L \circ (v \times v) = w \circ \mu_X$$

がいえる.

N：**Set** はすべての有限極限を持っていたから，**Mon** でも有限極限を自由に考えられるんだな.

S：しかもそれらは **Set** における極限と忘却関手を通じて関係しているんだ．さて，次はいよいよ **Mon** における合同関係について調べていこう.

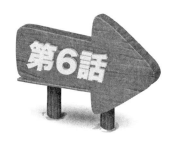

第6話

1. Mon における単射

S：引き続き **Set** における概念が **Mon** でどうなるかについて確認していこう．一つの山場は合同関係がどういったものであるかだが，そこに至るためにはまず **Mon** での単射はどんなものなのかについて調べなければならない．

N：合同関係が拠って立つ同値関係は特別な単射だったからな．だがそんなもの，**Set** の射としてみたときに単射だったら良いんじゃないか？ つまり，忘却関手でうつした先が単射だったら **Mon** でも単射だろう．

S：そのこと自体は結論としては正しいのだが，「そのようなものに限る」というところにはなかなか深い話が隠れている．このための第一歩として，**Mon** における射の「同じさ」がどう定まっているかについて確認しておこう．

N：ほう，そうなのか．定義に戻れば，**Mon** の対象であるモノイドはただ一つの対象を持つ圏で，射はこれらの間の関手だったから，2 つの関手が与えられたときにそれらが同じかどうかを判定する問題になる．

S：そしてそもそも関手というのは，対象たちの間の対応と射たちの間の対応とを組み合わせたものだったから，これらの対応が同じであれば良いわけだ．ところが今，モノイドに限っては「対象たちの間の対応」はどれも等しい．対象が一つしかないのだからな．というわけで,「射たちの間の対応」が同じかどうかだけの問題になるが,「射たちの間の対応」とは，とりもなおさず **Mon** の射を忘却関手で **Set** の射にうつしたときのうつり先に他ならない．

> **定理1** **Mon** の射 f, g に対して，$f=g$ であるのは $|f|=|g|$ であるとき，またそのときに限る．

ところで話は逸れるが，このあたりまでよく考えると，前回話しておくべきだった忘却関手の関手性もわかってくるだろう．恒等射の対応については，モノイド M の恒等射とは $|M|=\hom(M)$ の恒等写像に他ならないから $|1_M|=1_{|M|}$ だ．モノイド間の射の合成は台集合間の写像の合成だから，射の合成 $f\circ g$ について $|f\circ g|=|f|\circ|g|$ となる．さて話を戻して，なぜ **Mon** の単射についての話が簡単にいかないかを見ていこう．**Mon** の射 f について，f が単射であるとは任意の **Mon** の射 g, h に対して

$$f\circ g=f\circ h \quad \text{ならば} \quad g=h$$

が成り立つことだが，これと $|f|$ の単射性とがどう関係しているかが知りたい．

N：**Mon** の射の同じさの話を聞いたあとでは，どちらも同じように思えるがなあ．$|f|$ が **Set** の単射なら，$f\circ g=f\circ h$ を忘却関手で得られる $|f|\circ|g|=|f|\circ|h|$ から $|g|=|h|$ が得られて $g=h$ だ．つまり f は単射だ．

S：そう，その方向の話は簡単なんだ．ところが逆はそう単純にはいかない．f が **Mon** の単射だとして同じ議論を適用すると，得られ

ることは任意の **Mon** の射 g, h に対して

$$|f| \circ |g| = |f| \circ |h| \text{ ならば } |g| = |h|$$

が成り立つということだ.

N：ふうん，ますます同じ話をしているような気がしてきた.

S：いや実は全然違う．$|f|$ は **Set** の射なんだから，欲しい条件は任意の **Set** の射 α, β に対して

$$|f| \circ \alpha = |f| \circ \beta \text{ ならば } \alpha = \beta$$

が成り立つというものだ.

N：ああ，なるほどな．前者の条件だとモノイド準同型の条件をみたす **Set** の射に対してしかいえていないから駄目なのか.

S：そこでまったく違うアプローチが必要となる．証明にあたって重要な点が２つあって，１つ目は，**Mon** においては中への写像であることと単射であることとが同値だということだ.

N：単射は任意の射のペアに対して左簡約可能でなければならないけれど,「中への写像」は任意の要素のペアに対してのみ要請するものだったな．一般的には単射の方が強い条件だ．写像 f が中への写像だとして，任意の写像 g, h に対して $f \circ g = f \circ h$ だとする．$\mathrm{dom}(g) = \mathrm{dom}(h)$ の任意の要素 x に対して $f \circ g \circ x = f \circ h \circ x$ が成り立つけれど，ここから $g \circ x = h \circ x$ がいえるから well-pointed 性によって $g = h$ だ.

S：**Set** は well-pointed だから要素で話が済むということだ．そして，実は集合に演算を加えて得られたともみなせるモノイドでも状況は似ている．どのようにして両者がつながっているかというのが２つ目の重要な点だ．それは，モノイドの台集合 M の要素 a について，任意の自然数 n に対して a 自身にモノイドの演算を n 回

行った結果を返す$\mathbb{N}$からMへの写像$\overline{a}$を考えることができて，しかもこれはモノイド準同型の条件をみたし，aから$\overline{a}$への対応は一対一だということだ.

N：モノイドの演算を中置演算子「$*_M$」で表せば，$\overline{a}$というのは

$$\overline{a}\circ n=\underbrace{a*_M\cdots*_M a}_{n}$$

で定まる写像のことだな．$\overline{a}\circ 0$はMの単位元とすればモノイド準同型の条件をみたすのは明らかだ．$a,b\in M$に対して，$a\neq b$なら$\overline{a}\circ 1=a\neq b=\overline{b}\circ 1$となるから$\overline{a}\neq\overline{b}$で，$a=b$なら任意の$n\in\mathbb{N}$に対して$\overline{a}\circ n=\overline{b}\circ n$となるから$\overline{a}=\overline{b}$だ.

S：まあこのやり方では,「ものを数える」というプリミティブでナイーブな自然数の捉え方によってしまっていて，圏論的にきちんとしていないともいえる.

N：ほう，確かにグノシエンヌでジムノペディな感じだな.

S：それっぽい横文字を並べておけば話が進むと思うんじゃないぞ．会社じゃないんだから．もっと圏論的にきちんとやりたければ，少し先で定義する「自由モノイド」を使う必要があるからいずれ見直そう *1．さて，以上の2点を念頭において，**Mon**の射$M\xrightarrow{f}N$が単射なら$|f|$が**Set**において単射であることを示そう．aは$|M|$の要素，$\overline{a}$は対応する$\mathbb{N}$からMへのモノイド準同型とする．$\overline{a}\circ n$をfでうつすと，fがモノイド準同型であることから

$$\begin{aligned} f\circ(\overline{a}\circ n)&=f\circ(a*_M\cdots*_M a)\\ &=(|f|\circ a)*_N\cdots*_N(|f|\circ a)\end{aligned}$$

となる．Nの要素$|f|\circ a$に対応する$\mathbb{N}$からNへのモノイド準同

*1 第10話第1節参照.

型を $\overline{|f|\circ a}$ とすれば，これは

$$f\circ\overline{a}=\overline{|f|\circ a}$$

であることを意味する．ここで a とは異なった $|M|$ の要素 b を取り，a のときと同様に $\overline{b}$ や $\overline{|f|\circ b}$ を定める．まず $|M|$ の要素として $a\neq b$ であることから，$\mathbb{N}$ から M へのモノイド準同型として $\overline{a}\neq\overline{b}$ だ．f は単射だから $f\circ\overline{a}\neq f\circ\overline{b}$ となる．両辺はそれぞれ $\overline{|f|\circ a}$, $\overline{|f|\circ b}$ に等しいから $\overline{|f|\circ a}\neq\overline{|f|\circ b}$ で，要素と $\mathbb{N}$ からのモノイド準同型との間の一体一対応から $|f|\circ a\neq|f|\circ b$ となって $|f|$ が中への写像であることがわかる．だから $|f|$ は **Set** の単射だ．

2. Mon における合同関係

N：モノイドは集合の上に二項演算が定まったものだから，モノイド準同型の単射性を単純に台集合間の単射性で定めれば良いと思っていたが，なかなか奥深いことだったんだな．

S：次は **Mon** の合同関係についてだが，その前に記法を導入しておこう．

定義 2　**Set** において，A 上の二項関係 $R\xrightarrow{r}A\times A$ について，$\begin{pmatrix}a\\b\end{pmatrix}\in A\times A$ が r に属することを $a\sim_r b$ と書く．

この上で次のことについて考えよう．

定理 3 $\langle A, \mu_A, u_A\rangle$ はモノイド，$R \xrightarrow{r} A \times A$ は台集合 A 上の同値関係とする．また $\langle A, \mu_A, u_A\rangle \times \langle A, \mu_A, u_A\rangle$ の二項演算を $\mu_{A\times A}$ とする．任意の $a_1, a_2, a_1', a_2' \in A$ に対して

$$a_1 \sim_r a_2,\ a_1' \sim_r a_2' \text{ ならば } \mu_{A\times A} \circ \begin{pmatrix} a_1 \\ a_1' \end{pmatrix} \sim_r \mu_{A\times A} \circ \begin{pmatrix} a_2 \\ a_2' \end{pmatrix} \tag{6.1}$$

であるとき，R を台集合とするモノイド $\langle R, \mu_R, u_R\rangle$ で r がモノイド準同型の条件をみたすようなものが存在する．このとき r に対応するモノイド準同型を $\overline{r}$ とすると，つまり $\overline{r}$ を $|\overline{r}| = r$ であるようなものとすると，$\overline{r}$ は **Mon** における合同関係である．

N：実にややこしい．そもそも定理の主張を表現するための文字数が多すぎるんだよ．

S：要は，あるモノイドの台集合上の同値関係がモノイドの演算と整合的なら，それは **Mon** での合同関係を定めるということだ．まずは集合 R のモノイド構造に必要な二項演算 μ_R，単位元 u_R を定めよう．u_R については r の反射律から簡単に定まる．実際，$\begin{pmatrix} u_A \\ u_A \end{pmatrix}$ が r に属するから，R の要素 u_R で

$$r \circ u_R = \begin{pmatrix} u_A \\ u_A \end{pmatrix} \tag{6.2}$$

となるものが存在する．しかも r が単射だからこのような u_R は一意で，堂々と「u_R」と書いて良いこともわかる．

N：$\begin{pmatrix} u_A \\ u_A \end{pmatrix}$ はモノイド $\langle A, \mu_A, u_A\rangle \times \langle A, \mu_A, u_A\rangle$ の単位元だから，これはモノイド準同型の条件である単位元の対応を表しているんだな．u_R を定めようとしただけなのに，都合の良いことじゃないか．

S：実は同じようなことが μ_R についてもいえる．こちらは整

合性の条件 (6.1) が基となる. R の任意の要素 α, β について, $r\circ\alpha$, $r\circ\beta$ はどちらも r に属するから, (6.1) によって $\mu_{A\times A}\circ\begin{pmatrix} r\circ\alpha \\ r\circ\beta \end{pmatrix}$ もまた r に属する. そのため R の要素 γ で

$$r\circ\gamma=\mu_{A\times A}\circ\begin{pmatrix} r\circ\alpha \\ r\circ\beta \end{pmatrix} \tag{6.3}$$

となるものが存在して, しかもこれは r が単射であることから一意だ. この要素間の対応 $\begin{pmatrix} \alpha \\ \beta \end{pmatrix}\longmapsto\gamma$ は $R\times R$ から R への写像を定めるが, これが求める μ_R なんだ.

N: γ は $\gamma=\mu_R\circ\begin{pmatrix} \alpha \\ \beta \end{pmatrix}$ であるようなものだから, これと (6.3) とを合わせれば

$$r\circ\mu_R\circ\begin{pmatrix} \alpha \\ \beta \end{pmatrix}=\mu_{A\times A}\circ\begin{pmatrix} r\circ\alpha \\ r\circ\beta \end{pmatrix}=\mu_{A\times A}\circ(r\times r)\circ\begin{pmatrix} \alpha \\ \beta \end{pmatrix}$$

が成り立つことになる. α, β は任意にとったものだったから, well-pointed 性によって

$$r\circ\mu_R=\mu_{A\times A}\circ(r\times r) \tag{6.4}$$

だな. (6.2), (6.4) でモノイド準同型であるための条件が確かめられたことになる.

S: あとは $\langle R, \mu_R, u_R\rangle$ がモノイドであることを確認すれば前半部分は終了だ. 方針は, R のものごとを r で $A\times A$ の中に持ち込んで演算を行うというものだ.

N: $A\times A$ はモノイド構造を持つことがわかっているから, R の計算をアウトソースしてしまうわけか.

S: 例によって結合律だけについて, 例によっていつもの五角形の図式が可換であることを示そう :

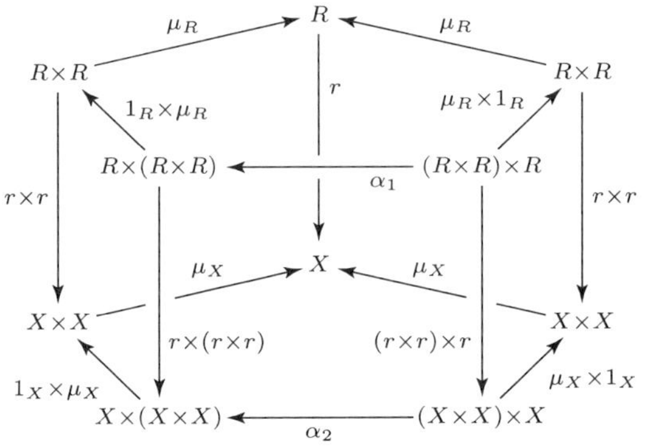

見やすくするために $A\times A$ を X とおいて、同型 $(R\times R)\times R\longrightarrow R\times(R\times R)$ を α_1，同型 $(X\times X)\times X\longrightarrow X\times(X\times X)$ を α_2 とおいた.

N：五角柱の側面はすべて可換で下側の五角形も可換だから，上側の五角形も勝手に可換になりそうだな.

S：いかにもそうなりそうだが，ここで r が単射であることが重要になってくる．というのも，今君が挙げた可換性から従うのは，$(R\times R)\times R$ から $X=A\times A$ への射として $r\circ\mu_R\circ(1_R\times\mu_R)\circ\alpha_1$ と $\mu_R\circ(\mu_R\times 1_R)$ とが等しいということまでだ．ここから求める等式

$$\mu_R\circ(1_R\times\mu_R)\circ\alpha_1=\mu_R\circ(\mu_R\times 1_R)$$

が従うのは，正に r の単射性によるものだ.

N：なるほど，見た目に騙されて油断してはいけないということだな．圏論はためになるじゃないか.

S：君の人生観が豊かになったのなら喜ばしいことだ．これで r がモノイド準同型の条件をみたす写像だとわかったから，$\langle R,\mu_R,u_R\rangle\xrightarrow{\bar{r}}\langle A,\mu_A,u_A\rangle\times\langle A,\mu_A,u_A\rangle$ で $|\bar{r}|=r$ となるものが存在する．定理の後半部分の主張，つまり $\bar{r}$ が **Mon** の合同関係であることについてだが，実は確かめるべきことは本質的には次の事実に集約される.

補題 4　**Mon** の射 $A \xrightarrow{f} B \xleftarrow{g} C$ について，**Set** において $|A| \xrightarrow{\alpha} |C|$ で $|f| = |g| \circ \alpha$ なるものが存在するものとし，また $|g|$ は単射であるとする．このとき α はモノイド準同型の条件をみたす．

N：A, B, C の二項演算を μ_A, μ_B, μ_C としておこう．欲しいのは $\alpha \circ \mu_A = \mu_C \circ (\alpha \times \alpha)$ だが，これを $|g|$ でうつしたものが得られれば良いんだな．$|g| \circ \alpha \circ \mu_A$ を変形すると

$$
\begin{aligned}
|g| \circ \alpha \circ \mu_A &= |f| \circ \mu_A \\
&= \mu_B \circ (|f| \times |f|) \\
&= \mu_B \circ (|g| \times |g|) \circ (\alpha \times \alpha) \\
&= |g| \circ \mu_C \circ (\alpha \times \alpha)
\end{aligned}
$$

となるな．あ，これで終わりか．

S：単位元の対応の方の条件も同様にして示せる．以下，r に対して $\overline{r}$ と書いているように，モノイド準同型であるための条件をみたす **Set** の射があったとき，バーを付けて対応する **Mon** の射を表すようにしよう．まず合同関係の反射律についてだが，r が **Set** の反射律をみたすことから，A の対角射 $A \xrightarrow{\delta_A} A \times A$ に対して写像 $A \xrightarrow{\alpha} R$ で $\delta_A = r \circ \alpha$ をみたすものが存在する．

N：ああ，それで δ_A がモノイド準同型の条件をみたすことがわかれば，さっきの補題から α もモノイド準同型の条件をみたすことになるのか．

S：それで **Mon** における関係式 $\overline{\delta}_A = \overline{r} \circ \overline{\alpha}$ が得られることになる．だがこれだけでは充分ではない．$\overline{\delta}_A$ が **Mon** における $\langle A, \mu_A, u_A \rangle$ の対角射であることがまだわかっていないからだ．

N：モノイド準同型の条件については計算すればわかるな．$A \times A$

の単位元は $\begin{pmatrix} u_A \\ u_A \end{pmatrix} = \delta_A \circ u_A$ だから単位元の対応はこれで良い．二項演算との交換については，ああ，$A \times A$ の二項演算が単位元と違って面倒な形をしていたな．

S：同型 $(A \times B) \times (C \times D) \longrightarrow (A \times C) \times (B \times D)$ を $\tau_{A,B,C,D}$ と書くことにすれば，$\mu_{A \times A}$ と μ_A との関係は

$$\mu_{A \times A} = (\mu_A \times \mu_A) \circ \tau_{A,A,A,A}$$

と書ける*2．だから

$$\begin{aligned} \mu_{A \times A} \circ (\delta_A \times \delta_A) &= (\mu_A \times \mu_A) \circ \tau_{A,A,A,A} \circ \begin{pmatrix} \delta_A \circ \pi^1_{A,A} \\ \delta_A \circ \pi^2_{A,A} \end{pmatrix} \\ &= (\mu_A \times \mu_A) \circ \begin{pmatrix} 1_{A \times A} \\ 1_{A \times A} \end{pmatrix} \\ &= \begin{pmatrix} \mu_A \\ \mu_A \end{pmatrix} \\ &= \begin{pmatrix} 1_A \\ 1_A \end{pmatrix} \circ \mu_A \\ &= \delta_A \circ \mu_A \end{aligned}$$

で，モノイド準同型の条件が確かめられた．対角射の対応について，知りたいことは

補題 5　モノイド M の対角射 δ_M について，$|\delta_M| = \delta_{|M|}$ である．

ということだ．このことは，前回示した忘却関手と極限との関係を積に適用して得られる

モノイドの積 $M \times N$ の標準的な射 $\pi^i_{M,N}$ $(i = 1, 2)$ について $|\pi^i_{M,N}| = \pi^i_{|M|,|N|}$ である

ことと深く関係している．$M \xrightarrow{\delta_M} M \times M$ を忘却関手でうつして

*2　単行本第 2 巻第 5 話の定理 1.

得られる $|M| \xrightarrow{|\delta_M|} |M| \times |M|$ のあとに $\pi^1_{|M|,|M|}$ を合成すると

$$\pi^1_{|M|,|M|} \circ |\delta_M| = |\pi^1_{M,M}| \circ |\delta_M| = |\pi^1_{M,M} \circ \delta_M| = |1_M| = 1_{|M|}$$

となる．同じく $\pi^2_{|M|,|M|} \circ |\delta_M| = 1_{|M|}$ で，一方，$\delta_{|M|}$ はこのような条件をみたす一意な射だから $|\delta_M| = \delta_{|M|}$ なんだ．

N：まとめると，**Set** における反射律から **Mon** における反射律が得られたということだな．

S：残りの対称律，推移律についてもまったく同じだ．**Set** における対称律は，同型 $X \times Y \longrightarrow Y \times X$ を $\sigma_{X,Y}$ と表すことにすれば，写像 $R \xrightarrow{\beta} R$ で $r \circ \beta = \sigma_{A,A} \circ r$ というものが存在することといえる．

N：さっきの話の流れでいくと，$\sigma_{A,A}$ がモノイド準同型の条件をみたすこと，そしてモノイド M, N について $|\sigma_{M,N}| = \sigma_{|M|,|N|}$ であることがわかれば良いな．

S：後者については対角射についての話とまったく同じ論法が使える．モノイド準同型の条件のうち単位元の対応は明らかだから，二項演算との交換について計算すると

$$\begin{aligned}
\mu_{A\times A} \circ (\sigma_{A,A} \times \sigma_{A,A}) &= (\mu_A \times \mu_A) \circ \tau_{A,A,A,A} \circ \begin{pmatrix} \sigma_{A,A} \circ \pi^1_{A,A} \\ \sigma_{A,A} \circ \pi^2_{A,A} \end{pmatrix} \\
&= (\mu_A \times \mu_A) \circ \begin{pmatrix} \begin{pmatrix} \pi^2_{A,A} \circ \pi^1_{A,A} \\ \pi^2_{A,A} \circ \pi^2_{A,A} \end{pmatrix} \\ \begin{pmatrix} \pi^1_{A,A} \circ \pi^1_{A,A} \\ \pi^1_{A,A} \circ \pi^2_{A,A} \end{pmatrix} \end{pmatrix} \\
&= (\mu_A \times \mu_A) \circ \begin{pmatrix} \pi^2_{A,A} \times \pi^2_{A,A} \\ \pi^1_{A,A} \times \pi^1_{A,A} \end{pmatrix} \\
&= (\mu_A \times \mu_A) \circ \sigma_{A,A} \circ \tau_{A,A,A,A} \\
&= \begin{pmatrix} \mu_A \circ \pi^2_{A,A} \\ \mu_A \circ \pi^1_{A,A} \end{pmatrix} \circ \tau_{A,A,A,A} \\
&= \sigma_{A,A} \circ (\mu_A \times \mu_A) \circ \tau_{A,A,A,A} \\
&= \sigma_{A,A} \circ \mu_{A\times A}
\end{aligned}$$

となって問題ない．最後に推移律についてだが，**Set** における推移律は，引き戻し

$$\begin{array}{ccc} R\times_A R & \xrightarrow{p^2} & R \\ {\scriptstyle p^1}\downarrow & & \downarrow{\scriptstyle \pi^1_{A,A}\circ r} \\ R & \xrightarrow[\pi^2_{A,A}\circ r]{} & A \end{array}$$

に対して，写像 $R\times_A R\xrightarrow{\gamma}R$ で

$$\begin{array}{ccc} R\times_A R & \xrightarrow{\binom{p^1}{p^2}} & R\times R \\ {\scriptstyle \gamma}\vdots & & \downarrow{\scriptstyle \pi^1_{A,A}\circ r\times\pi^2_{A,A}\circ r} \\ R & \xrightarrow[r]{} & A \end{array}$$

を可換にするものが存在することを意味する．引き戻しは極限の一種だから，前回示した定理によって忘却関手と整合的な引き戻しが **Mon** に存在する．あとは γ がモノイド準同型の条件をみたすことが確認できれば良くて，これは先程からやっている通り地道に計算すればできる．

N：いや実に長い道のりだった．まとめると，最初に君が言った通り **Set** の同値関係のうち，モノイドの二項演算について閉じているようなものがあれば，それは **Mon** の合同関係を定めるということだな．

S：あるいは，**Set** の同値関係が，単に **Set** における台集合の部分であるというだけでなく，**Mon** における部分であるとき，といっても良いだろう．さて，合同関係がわかったから次は余解(コイコライザ)の話をしよう．

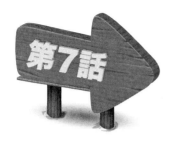

第7話

1. Mon の合同関係に付随する余解（コイコライザ）

S：**Mon** における合同関係についての話が一段落ついたから，余解（コイコライザ）の話に移ろう.

N：**Set** の同値関係がモノイドの構造と整合的なら **Mon** の合同関係になっているのだったな．モノイド $\langle A, \mu_A, u_A \rangle$ と **Set** の同値関係 $R \xrightarrow{r} A \times A$ とについて，A の任意の要素 $a_1\, a_2, a'_1, a'_2$ に対して

$$a_1 \sim_r a_2 \text{ かつ } a'_1 \sim_r a'_2 \text{ ならば } \mu_A \circ \begin{pmatrix} a_1 \\ a_2 \end{pmatrix} \sim_r \mu_A \circ \begin{pmatrix} a'_1 \\ a'_2 \end{pmatrix} \tag{7.1}$$

が成り立つとき，r がモノイド準同型の条件をみたすようなモノイド構造が R に入るのだった.

S：前回の証明を辿れば，逆に，**Mon** の合同関係を忘却関手でうつして得られる **Set** の二項関係が同値関係であることもわかる．さて今回取り扱う **Mon** の余解（コイコライザ）についてだが，まずは合同関係に付随する余解（コイコライザ）を考える．そしてその後で独立したかたちでより一般の射のペアについて余解（コイコライザ）を構成する.

N：「独立したかたちで」というのは，合同関係についての結果を使わないということか？ それなら最初から一般の場合を考えれば良いじゃないか.

S：もちろん論理的にはそれで話がつくのだが，「合同関係と余解（コイコライザ）」との対応は **Set** でも確かめた一つの数学的な結果だし，それにこの証明を通じて条件（7.1）の持つ重要性が明らかになるから見ておく価値があるんだ．話自体は単純で，まず **Set** で余解（コイコライザ）を構成して，その上にモノイド構造を入れれば良い．

N：**Mon** の合同関係 $R \xrightarrow{r} A \times A$ を考えて，これを忘却関手でうつして **Set** の同値関係 $|R| \xrightarrow{|r|} |A| \times |A|$ を得てから $|R| \overset{\pi_1 \circ |r|}{\underset{\pi_1 \circ |r|}{\rightrightarrows}} |A|$ の余解（コイコライザ）を考えるんだな．

S：余解（コイコライザ）を $|A| \xrightarrow{p} I$ としよう．ここにどううまくモノイド構造を入れて，p がモノイド準同型の条件をみたすようなモノイド $\overline{I} = \langle I, \mu_I, u_I \rangle$ を作るかというのが問題であり，そして先程触れた重要なポイントが明らかになる部分だ．A の二項演算を μ_A，単位元を u_A とおこう．u_I については $u_I = p \circ u_A$ で定める．

N：まあそうするしかないだろうな．それで，二項演算 μ_I の方が重要なところなのか？

S：そうだ．p の切断を一つとって s とし，この s に依存した二項演算 μ_I^s を $\mu_I^s = p \circ \mu_A \circ (s \times s)$ で定義する．わかりやすく図式で描けば

$$
\begin{array}{ccc}
|A| \times |A| & \xleftarrow{s \times s} & I \times I \\
\downarrow{\scriptstyle \mu_A} & & \vdots{\scriptstyle \mu_I^s} \\
|A| & \xrightarrow[p]{} & I
\end{array}
\tag{7.2}
$$

だ．

N：いったん s で $|A|$ にうつしてから演算を行って，p で戻しているわけか．これも前からやっている計算のアウトソーシングだな．

S：図式（7.2）で $|A| \times |A| \xleftarrow{s \times s} I \times I$ の部分が $|A| \times |A| \xrightarrow{p \times p} I \times I$ ならモノイド準同型の条件になるのだが，ここに（7.1）が関

わってくる．まず s が p の切断だから $p\circ s=1_I$ で，ここから特に $p\circ s\circ p=p$ だということに注意しよう．したがって，任意の $a\in|A|$ に対して $p\circ s\circ p\circ a=p\circ a$ が成り立つのだが，p は同値関係 $|r|$ に付随した余解(コイコライザ)だから $s\circ p\circ a\sim_{|r|}a$ ということだ．ここで $|A|$ の別の要素 b をとってきても話は同じで $s\circ p\circ b\sim_{|r|}b$ が成り立つ．今我々は **Mon** の合同条件 r から出発したが，条件 (7.1) は $|r|$ がモノイド準同型の条件をみたすことに相当する*1 から，(7.1) によって $\mu_A\circ\begin{pmatrix}s\circ p\circ a\\ s\circ p\circ b\end{pmatrix}\sim_{|r|}\mu_A\circ\begin{pmatrix}a\\ b\end{pmatrix}$ がいえる．

N: なるほどな．あとはやはり p が $|r|$ に付随した余解(コイコライザ)であることから，同値関係が $p\circ\mu_A\circ\begin{pmatrix}s\circ p\circ a\\ s\circ p\circ b\end{pmatrix}=p\circ\mu_A\circ\begin{pmatrix}a\\ b\end{pmatrix}$ とイコールに変わる．左辺は

$$p\circ\mu_A\circ\begin{pmatrix}s\circ p\circ a\\ s\circ p\circ b\end{pmatrix}=p\circ\mu_A\circ(s\times s)\circ(p\times p)\circ\begin{pmatrix}a\\ b\end{pmatrix}=\mu_I^s\circ(p\times p)\circ\begin{pmatrix}a\\ b\end{pmatrix}$$

と変形できて，a,b は任意にとれるものだったから，well-pointed 性から

$$\mu_I^s\circ(p\times p)=p\circ\mu_A \tag{7.3}$$

となる．

S: このように，条件 (7.1) が意味する同値関係の持つモノイド準同型性は余解(コイコライザ)のモノイド準同型性に遺伝するのだが，さらに重要なことがいえる．p の切断として s とは別の切断 s' をとる．すると (7.3) によって

$$\mu_I^{s'}=p\circ\mu_A\circ(s'\times s')=\mu_I^s\circ(p\times p)\circ(s'\times s')=\mu_I^s$$

---

*1 条件 (7.1) の設定の下で，$a_1\sim_r a_2$ から $\alpha\in R$ で $\begin{pmatrix}a_1\\ a_2\end{pmatrix}=r\circ\alpha$ なるものが，また $a_1'\sim a_2'$ から $\alpha\in R$ で $\begin{pmatrix}a_1'\\ a_2'\end{pmatrix}=r\circ\alpha'$ なるものがとれる．$A\times A$，R の二項演算をそれぞれ $\mu_{A\times A},\mu_R$ とすると $\mu_{A\times A}\circ\begin{pmatrix}r\circ\alpha\\ r\circ\alpha'\end{pmatrix}=\mu_{A\times A}\circ(r\times r)\begin{pmatrix}\alpha\\ \alpha'\end{pmatrix}=r\circ\mu_R\circ\begin{pmatrix}\alpha\\ \alpha'\end{pmatrix}\in r$ で，$\mu_A\circ\begin{pmatrix}a_1\\ a_2\end{pmatrix}\sim_r\mu_A\circ\begin{pmatrix}a_1'\\ a_2'\end{pmatrix}$ がわかる．

となる.

N: ほう, 切断の選び方によらないんだな.

S: μ_I^s 自体は s を用いなければ言い表せないけれど, 実はそれが s の選び方によらずに一つの μ_I を定めていたという驚くべき状況だ. このように, 一見なんらかの選択に依存したかたちをしていながらも実際にはその選択に依存していないという状況を **well-defined** と呼ぶ. 話を進めるためにはとりあえず何らかの立場を決めないといけないというのは, 数学が人間の学問だなあという感じがして実に情趣に富んだ場面じゃないか.

N: なるほどなあ, それは良かったなあ.

S: なんだその気の抜けた相槌は. μ_I の結合律, 単位律はいつものように五角柱, 三角柱を描いて示せば良い. ここでは s の積が p の積の切断になっていることが鍵となる. 最後に示すべきことは, 余解(コイコライザ)の性質から定まる一意な射がモノイド準同型の条件をみたすということだ. モノイド $\overline{I'}=\langle I', \mu_{I'}, u_{I'}\rangle$ および **Mon** の射 $A \xrightarrow{p'} \overline{I'}$ が $p' \circ \pi^1_{A,A} \circ r = p' \circ \pi^2_{A,A} \circ r$ をみたすとする. このとき $|A| \xrightarrow{|p'|} I'$ が $|p'| \circ \pi^1_{|A|,|A|} \circ |r| = |p'| \circ \pi^2_{|A|,|A|} \circ |r|$ をみたすことになるから, 余解(コイコライザ)の性質によって $I \xrightarrow{u} I'$ で $|p'| = u \circ p$ をみたすものが一意に存在する. この u がモノイド準同型の条件をみたすことは, $|p'|$ についてのモノイド準同型の条件と $|p'| = u \circ p$ とを組み合わせれば得られる[*2]. これで次のことがわかった:

> **定理 1** **Mon** の合同関係 $R \xrightarrow{r} A \times A$ について, $R \underset{\pi^2 \circ r}{\overset{\pi^1 \circ r}{\rightrightarrows}} A$ の余解(コイコライザ)が存在する.

*2 たとえば単位元の対応については $u_{I'} = |p'| \circ u_A = u \circ p$ からわかる.

2．Mon の一般の射のペアに対する余解(コイコライザ)

N：合同関係から余解(コイコライザ)が定まることはわかったが，一般の場合でも同じように **Set** で余解(コイコライザ)を作ってモノイド構造を入れれば良いんじゃないか？

S：ところがそのままやるとうまくいかない．**Set** で射のペアの余解(コイコライザ)を考えると，元の射のペアに対応する二項関係を含む最小の同値関係に付随した余解(コイコライザ)が得られるが，肝心のモノイド準同型性まで遺伝するとは限らないからだ．だが実は一手間かけることでこの問題は解決できる．ここでは Hans-E. Porst の "Colimits of monoids" で簡潔にまとめられている手法を紹介しよう*3．モノイド $\overline{A}=\langle A, \mu_A, u_A\rangle$ からモノイド $\overline{B}=\langle B, \mu_B, u_B\rangle$ への **Mon** の射 f に対して，**Set** の射 $(B\times A)\times B \xrightarrow{\Lambda_f} B$ を

$$(B\times A)\times B \xrightarrow{(1_B\times|f|)\times 1_B} (B\times B)\times B \xrightarrow{\mu_B\times 1_B} B\times B \xrightarrow{\mu_B} B$$

で定める．なんとこうして定められる **Set** の射のペアの余解(コイコライザ)を考えると万事上手くいくのだ．

N：**Mon** の射のペア f, g について，$|f|, |g|$ ではなく，Λ_f, Λ_g の余解(コイコライザ)を考えるということか？ それは不思議なことだ．

S：これだけ見ると奇妙なトリックにしか思えないかもしれないが，この「両側加群」と呼ばれる概念を用いた手法は重要な応用を持つ大切なものなんだ．どこかで出会ったときに，ああこのことだったのか，と思い出してもらえれば幸いだ．さて重要なことは次の事実だ：

*3 *Theory and Applications of Categories*, Vol. 34, 2019, No. 17, pp 456-467.

補題2 モノイド $\overline{A}=\langle A,\mu_A,u_A\rangle$, $\overline{B}=\langle B,\mu_B,u_B\rangle$, $\overline{C}=\langle C,\mu_C,u_C\rangle$ および **Mon** の射 $\overline{A}\overset{f}{\underset{g}{\rightrightarrows}}\overline{B}\xrightarrow{h}\overline{C}$ に対して,

$$h\circ f=h\circ g \iff |h|\circ\Lambda_f=|h|\circ\Lambda_g$$

が成り立つ.

N: いかにも余解(コイコライザ)を考えるのに適した補題だな.

S: 右から左は比較的簡単だ. f に対して Λ_f は $\begin{pmatrix}\begin{pmatrix}b_1\\a\end{pmatrix}\\b_2\end{pmatrix}\in(B\times A)\times B$ を $\mu_B\circ\begin{pmatrix}\mu_B\circ\begin{pmatrix}b_1\\|f|\circ a\end{pmatrix}\\b_2\end{pmatrix}$ にうつす写像だから, $b_1=b_2=u_B$ ととることで $|f|\circ a$ が得られることになる. 圏論的にちゃんと言うと, 単位律から

$$\Lambda_f\circ((u_B\times 1_A)\times u_B)=|f|\circ(\pi^2_{1,A}\times 1_1)\circ\pi^1_{1\times A,1}$$

が従うということだ. $|h|\circ\Lambda_f=|h|\circ\Lambda_g$ とすると, 右から $(u_B\times 1_A)\times u_B$ を合成することで $|h|\circ|f|=|h|\circ|g|$ が得られる*4 から $h\circ f=h\circ g$ だ. 左から右を言うには, 可換図式

$$\begin{array}{ccccccc}
(C\times A)\times C & \xrightarrow{(1_C\times|h\circ f|)\times 1_C} & (C\times C)\times C & \xrightarrow{\mu_C\times 1_C} & C\times C & \xrightarrow{\mu_C} & C\\
\uparrow{\scriptstyle(|h|\times 1_A)\times|h|} & & \uparrow{\scriptstyle(|h|\times|h|)\times|h|} & & \uparrow{\scriptstyle|h|\times|h|} & & \uparrow{\scriptstyle|h|}\\
(B\times A)\times B & \xrightarrow[(1_B\times|f|)\times 1_B]{} & (B\times B)\times B & \xrightarrow[\mu_B\times 1_B]{} & B\times B & \xrightarrow[\mu_B]{} & B
\end{array}$$

から得られる関係式

$$\Lambda_{h\circ f}\circ((|h|\times 1_A)\times|h|)=|h|\circ\Lambda_f$$

を使えば良い. $h\circ f=h\circ g$ なら $\Lambda_{h\circ f}=\Lambda_{h\circ g}$ だから, 右から $(|h|\times 1_A)\times|h|$ を合成して $|h|\circ\Lambda_f=|h|\circ\Lambda_g$ がわかる. さてあとは準備として次の関係式を示しておこう：

*4 $\pi^2_{1,A}$, $\pi^1_{1\times A,1}$ は, どちらも1との積からの標準的な射で同型である.

補題 3　モノイド $\overline{A}=\langle A,\mu_A,u_A\rangle$, $\overline{B}=\langle B,\mu_B,u_B\rangle$ および **Mon** の射 $A\xrightarrow{f}B$ に対して

$$
\begin{array}{ccccc}
((B\times A)\times B)\times B & \xrightarrow{\ x\ } & (B\times A)\times(B\times B) & \xrightarrow{1_{B\times A}\times\mu_B} & (B\times A)\times B \\
{\scriptstyle \Lambda_f\times 1_B}\downarrow & & & & \downarrow{\scriptstyle \Lambda_f} \\
B\times B & & \xrightarrow{\qquad\mu_B\qquad} & & B \\
{\scriptstyle 1_B\times\Lambda_f}\uparrow & & & & \uparrow{\scriptstyle \Lambda_f} \\
B\times((B\times A)\times B) & \xrightarrow[\ y\ ]{} & ((B\times B)\times A)\times B & \xrightarrow[(\mu_B\times 1_A)\times 1_B]{} & (B\times A)\times B
\end{array}
\tag{7.4}
$$

は可換である．ここに x,y は積の結合律を表す同型である．

N：$(B\times A)\times B\xrightarrow{\Lambda_f}B$ の左右から B をかけて，演算をどの順番で行っても良いということか．積の結合律から出る話だな．

S：まあその通りなんだが，定義に立ち戻ってきちんと示すとなかなかややこしい．上側の四角形についてだけ述べておくと，これは次の図式の可換性から従う：

$$
\begin{array}{ccccccc}
((B\times A)\times B)\times B & \xrightarrow{((1\times|f|)\times 1)\times 1} & ((B\times B)\times B)\times B & \xrightarrow{(\mu_B\times 1)\times 1} & (B\times B)\times B & \xrightarrow{\mu_B\times 1} & B\times B \\
{\scriptstyle \alpha_{B\times A,B,B}}\downarrow & & {\scriptstyle \alpha_{B\times B,B,B}}\downarrow & & {\scriptstyle \alpha_{B,B,B}}\downarrow & & \\
(B\times A)\times(B\times B) & \xrightarrow{(1\times|f|)\times 1} & (B\times B)\times(B\times B) & \xrightarrow{\mu_B\times 1} & B\times(B\times B) & & \downarrow{\scriptstyle \mu_B} \\
{\scriptstyle 1\times\mu_B}\downarrow & & {\scriptstyle 1\times\mu_B}\downarrow & & {\scriptstyle 1\times\mu_B}\downarrow & & \\
(B\times A)\times B & \xrightarrow[(1\times|f|)\times 1]{} & (B\times B)\times B & \xrightarrow[\mu_B\times 1]{} & B\times B & \xrightarrow[\mu_B]{} & B
\end{array}
$$

いつものように **Set** の同型 $(X\times Y)\times Z\longrightarrow X\times(Y\times Z)$ を $\alpha_{X,Y,Z}$ とおいて，また恒等射の添え字を省いている．x は α を用いれば $x=\alpha_{B\times A,B,B}$ と表せるからまだこんなものだが，(7.4) の下側の四角形の可換性については，y が複数の α の結合になるから倍くらいややこしくなる．

N：よし，ならそんなものは無視して次に進もうじゃないか．

S：準備はこれで終わりで，あとは実際に構成できることを確認するだけだ．**Mon** の射のペア $\overline{A} \overset{f}{\underset{g}{\rightrightarrows}} \overline{B}$ に対して **Set** の射のペア $(B\times A)\times B \overset{\Lambda_f}{\underset{\Lambda_g}{\rightrightarrows}} B$ を考え，Λ_f, Λ_g の余解（コイコライザ）を $B \xrightarrow{p} I$ とする．モノイド構造 $\langle I, \mu_I, u_I \rangle$ のうち u_I についてはもちろん $u_I = p \circ u_B$ で定めれば良いから問題は μ_I だ．この構成では **Set** の積が余極限を保存することと (7.4) とが本質的な役割を担うことになる．(7.4) の下側の四角形の可換性から，

$$\begin{aligned} p \circ \mu_B \circ (1_B \times \Lambda_f) &= p \circ \Lambda_f \circ ((\mu_B \times 1_A) \times 1_B) \circ y \\ &= p \circ \Lambda_g \circ ((\mu_B \times 1_A) \times 1_B) \circ y \\ &= p \circ \mu_B \circ (1_B \times \Lambda_g) \end{aligned}$$

が従うが，$B\times B \xrightarrow{1_B\times p} B\times I$ が $1_B \times \Lambda_f$，$1_B \times \Lambda_g$ の余解（コイコライザ）だから，$B\times I \xrightarrow{u} I$ で

$$\begin{array}{ccc} B \times B & \xrightarrow{1_B \times p} & B \times I \\ {\scriptstyle \mu_B}\downarrow & & \downarrow{\scriptstyle u} \\ B & \xrightarrow[p]{} & I \end{array}$$

を可換にするものが一意に存在する．この u について

$$\begin{aligned} u \circ (\Lambda_f \times 1_f) \circ (1_{(B\times A)\times B} \times p) &= u \circ (1_B \times p) \circ (\Lambda_f \times 1_B) \\ &= p \circ \mu_B \circ (\Lambda_f \times 1_B) \\ &= p \circ \Lambda_f \circ (1_{B\times A} \times \mu_B) \circ x \\ &= p \circ \Lambda_g \circ (1_{B\times A} \times \mu_B) \circ x \\ &= p \circ \mu_B \circ (\Lambda_g \times 1_B) \\ &= u \circ (1_B \times p) \circ (\Lambda_g \times 1_B) \\ &= u \circ (\Lambda_g \times 1_I) \circ (1_{(B\times A)\times B} \times p) \end{aligned}$$

が成り立つ．$1_{(B\times A)\times B} \times p$ は右簡約可能だから $u \circ (\Lambda_f \times 1_I) = u \circ (\Lambda_g \times 1_I)$ なんだが，$p \times 1_I$ が $\Lambda_f \times 1_I$，$\Lambda_g \times 1_I$ の余解（コイコライザ）であるこ

とから，$I \times I \xrightarrow{\mu_I} I$ で

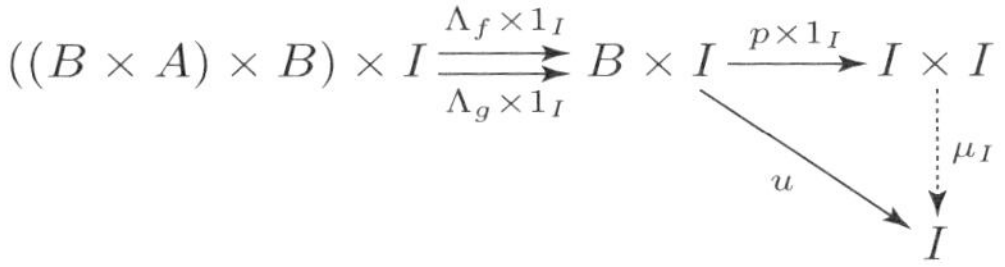

$$((B \times A) \times B) \times I \underset{\Lambda_g \times 1_I}{\overset{\Lambda_f \times 1_I}{\rightrightarrows}} B \times I \xrightarrow{p \times 1_I} I \times I$$

$$\searrow_u \quad \downarrow \mu_I$$

$$I$$

を可換にするものが一意に存在する．

N：u の条件と合わせれば

$$B \times B \xrightarrow{p \times p} I \times I$$
$$\xrightarrow[1_B \times p]{} B \times I \xrightarrow[p \times 1_I]{}$$

$$\mu_B \downarrow \qquad \searrow_u \qquad \downarrow \mu_I$$

$$B \xrightarrow{p} I$$

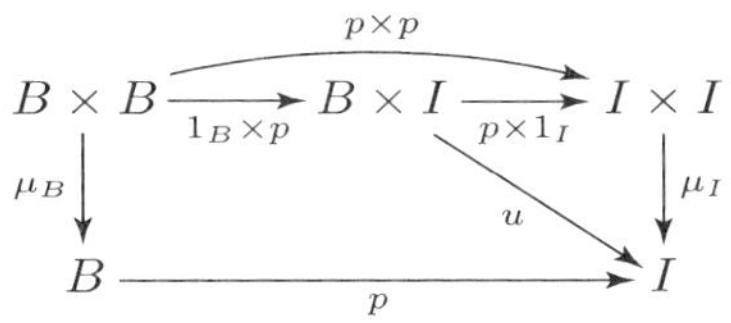

で，モノイド準同型の条件もみたしているな．

S：結合律，単位律についてはいつも通りに確かめることができる．モノイド $\langle I, \mu_I, u_I \rangle$ を \bar{I}，$B \xrightarrow{p} I$ に対応する **Mon** の射を \bar{p} とおいて，最後に $\bar{B} \xrightarrow{\bar{p}} \bar{I}$ が **Mon** において余解(コイコライザ)の条件をみたすことを確かめよう．モノイド $\bar{C} = \langle C, \mu_C, u_C \rangle$ と $\bar{B} \xrightarrow{h} \bar{C}$ とで，$h \circ f = h \circ g$ なるものを考える．補題 2 によって，$|h| \circ \Lambda_f = |h| \circ \Lambda_g$ が成り立つ．

N：なるほど，ここで役に立つのか．$B \xrightarrow{p} I$ は $\Lambda_f \Lambda_g$ の余解(コイコライザ)だから $I \xrightarrow{v} C$ で

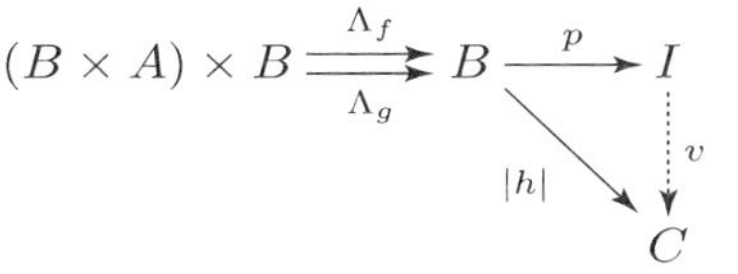

$$(B \times A) \times B \underset{\Lambda_g}{\overset{\Lambda_f}{\rightrightarrows}} B \xrightarrow{p} I$$

$$|h| \searrow \quad \downarrow v$$

$$C$$

を可換にするものが一意に存在する．

S：あとは v がモノイド準同型の条件をみたすことがいえれば良い．単位元の対応については，$p, |h|$ が単位元を対応させることから

$$v \circ u_I = v \circ p \circ u_B = |h| \circ u_B = u_C$$

とわかる．二項演算との交換については $|h|$ について成り立つ条件

$$\mu_C \circ (|h| \times |h|) = |h| \circ \mu_B$$

を基にすれば良い．

N：$|h| = v \circ p$ だから，左辺は $\mu_C \circ (v \times v) \circ (p \times p)$ に等しい．右辺については $u \circ p \circ \mu_B$ と変形できるが，p がモノイド準同型の条件をみたすことから

$$u \circ p \circ \mu_B = u \circ \mu_I \circ (p \times p)$$

となる．$p \times p$ は右簡約可能だから $\mu_C \circ (v \times v) = u \circ \mu_I$ だ．

S：これで

定理 4　**Mon** の任意の射のペアに対して余解(コイコライザ)が存在する．

ことがわかった．さてそもそも余解(コイコライザ)は，**Set** でも見たように，異なるものを何らかのルールによって同一視して，新たな対象を作り出す操作だった．つまり，これで成り立ってほしい関係式を好き勝手に設定して，それらが成り立つようなモノイドを得ることができるわけだ．だがどんなモノイドに対してもこういった操作が有効であるわけではない．モノイド自身がもともと何らかの関係式を持っているかもしれないからな．

N：欲してはいない関係式も受け継いでしまうことになるんだな．となると，何の関係式も持っていないようなクリーンなモノイドを基にする必要があるわけか．

S：次回からは，その「クリーンなモノイド」である「自由モノイド」について話そう．

1. 文字列のアナロジーとしての自由モノイド

S：前回までで **Mon** の射のペアに対して余解（コイコライザ）が存在するとわかった．**Mon** における余解（コイコライザ）は，我々が求める「テンソル積」を得るための「ツール」といえるのだが，ここからはこのツールを適用するための「土台」である「自由モノイド」や「自由可換モノイド」の話をしていこう．

N：「自由モノイド」は，モノイドであるための必要最低限の条件以外に関係式を持たないクリーンなモノイドということだったな．

S：実を言うと，我々はそういったモノイドの例をもう見ているんだ．以前文字列の例を取り扱ったが，これが「自由モノイド」への道を示してくれる[*1]．

N：文字列の場合は，

“絶対に” + “働きたくない” = “絶対に働きたくない”

のように，文字列たちを単に結合する操作を二項演算として考えれば良かった．

S：日を追うにつれ，君の労働に対する信念がより強固になっている

*1 単行本第 2 巻第 1 話第 2 節参照．

ようでなによりだ．二項演算に絡んで重要なことは，「空文字」という特殊な文字を用意して単位律をみたすようにしていた点だ．

N：普通の文字から成る文字列を考えている限り単位元は存在しないから，別途特別に用意する必要があるのだったな．

S：空文字を「＊」とでもおけば，文字列 **str** に対して

$$\texttt{str} + * = * + \texttt{str} = \texttt{str}$$

という作用を持つものを用意するということだ．さて，以上の考え方を任意の集合に対して適用することで一般の自由モノイドが得られる．

> **定義1**　集合 A の要素を文字とみなし，文字を1個以上の有限個並べた文字列全体と空文字 $*$ とから成る集合を A^* とする．A^* の二項演算 $+$ を文字列同士の結合によって定めることで得られるモノイド $\langle A^*, +, * \rangle$ を A 上の**自由モノイド**と呼ぶ．

この定義に従えば，今まで我々がモノイドの例として扱っていた「文字列たち」というのは，ひらがな，カタカナ，漢字などの文字たち全体の集合上の自由モノイドだといえるわけだ．

2．より詳しい取り扱い

N：まあ待ちたまえ．実際の文字を並べて文字列とするというのはわかるとして，「集合の要素を文字とみなして並べる」とはなんだ？そんなことをして良いのか？しかも「そういうものたち全体の集合」だなんてさらにわけがわからない．

S：なんとまあ，論文審査会の審査員のように細かいことを気にするじゃないか．数学をする上ではもっと大らかな気持ちを持ってい

なければならないぞ．特に私の話を聞くときには，何があっても気にしない大らかさを万人に持ってほしいものだ．聞いた後に一切の記憶をなくしてくれればなお良い．

N：そんな叶いもしない願いを考えている暇があったらまともな定義を考えてくれ．

S：困ったものだなあ．A^* を構成する上では,「文字列とは何か」,「有限文字列全体の集合とは何か」,「空文字をどうやって導入するか」あたりが問題だ．最初の問題は簡単に解決できて，集合 A 自身の積を考えれば良い．例えば，$a, b \in A$ に対してこれらを「並べた」ab が欲しいのだが，これは $\binom{a}{b} \in A \times A$ のことだと考える．

N：それなら 2 文字の文字列全体を表せるな．一般の n 文字の文字列に対しても n 個の A の積の要素だと考えれば良い．

S：数の冪のように，n 個の A の積を A^n と書くことにしよう．また，A^n の要素もこのあたりの話に限っては従来の「縦ベクトル」形式ではなく，A の要素の列 $a_1 \cdots a_n$ で表すことにしよう．二番目の問題に対しては

$$A + A^2 + \cdots$$

のようなものが構成できれば良いだろうとわかるが，この構成は後に回して，先に三番目の問題について考えよう．空文字というのは「文字列の連結に対する単位元」だが，そういった作用については実際に連結の作用を定めるときに決めるとして，集合の要素として必要な性質は，A とは無関係な「何か」だということだ．これは前にも考えた通り，1 との余積をとれば良い *2.

N：集合 X に対して $1+X$ は，X を部分として持ちながら，X に属さ

*2 第 4 話第 2 節参照.

ない要素を持つ集合となるのだったな．つまり A^* とは

$$1+A+A^2+\cdots$$

のようなものか．

S：1を A^0 と表せば *3，要は通常の集合論でいう「$\coprod_{n=0}^{\infty} A^n$」がほしいわけだ．

N：無限余積か？ だが集合圏の公理からは有限余積しか出てこないんじゃないか？

S：確かに象徴的に「無限余積」と言われるべき形をしているが，通常の集合論にあっても「$\coprod_{n=0}^{\infty} A^n$」は無限個の集合を直接操作するものではない．このあたりは，有限の操作しか扱えない人間がいかにして無限を取り扱おうとしてきたかの工夫が見てとれて楽しいが，元をたどれば

$$\coprod_{n=0}^{\infty} A^n = \{\alpha \mid \exists n \in \mathbb{N} \ \text{s.t.}\ \alpha \in A^n\} \tag{8.1}$$

という意味だ．「存在量化子」なら我々にだってすでに扱える．

N：単射全射分解を通じて得られる像と関係した概念だとか言っていたな *4．

S：あとは (8.1) に出てくる α の身元をはっきりとさせないといけない．ここでは略して表記したが，これは厳密には「すべての A^n を含む何か大きな集合 $\tilde{A}$」を想定して，その部分として $\coprod_{n=0}^{\infty} A^n$ を

---

*3 ここではこのように表記するという約束としているが，A^n を「n 個の要素から成る集合から A への写像全体の集合」と考えれば，A^0 は「空集合から A への写像全体」で一点集合となる．またこのように捉えることで「A^n」という表記自体が集合の冪と整合的となる．

*4 第9回（現代数学2017年12月号）．

定義しているんだ.

N：すべての有限文字列を含まなければならないのなら，やはり今度こそ無限の出番となって，無限文字列を考えなければならないんじゃないか？

S：その通り．だが「無限の列」自体を扱うことはできて，「$\mathbb{N}$ からの写像」を考えれば良い．それよりも問題は有限文字列をどうやって無限文字列の一種とみなすかだが，ここで空文字 $*$ が役に立つ．文字列の結合として二項演算を定義する際にどうせ消えてしまうものだから，有限文字列の後ろに $*$ を無限個並べれば良いんだ.

N：なんだか乱暴な，というか自棄になったような方法に聞こえるが.

S：もう少しちゃんとやるなら，次のように定めれば良い．まず「何か大きな集合 $\tilde{A}$」としては，「A の要素と空文字から成る無限列全体の集合」を考えれば良い．つまり $\mathrm{Hom}(\mathbb{N}, 1+A)$ のことだ.

N：$\mathbb{N}$ から $1+A$ への写像 α に対して，$\alpha \circ 0$, $\alpha \circ 1$, $\cdots$ と返り値を並べていけば，α は確かに「A の要素と空文字から成る無限列」と同一視できる.

S：次に，$a_1 \cdots a_n \in A^n$ がどのようにすれば $\mathrm{Hom}(\mathbb{N}, 1+A)$ の要素とみなせるかだが，先程概説した通りにすれば良い．$\alpha \in \mathrm{Hom}(\mathbb{N}, 1+A)$ を

$$\alpha \circ m = \begin{cases} \iota^2_{1,A} \circ a_{m+1} & m < n \\ \iota^1_{1,A} \circ * & m \geqq n \end{cases}, \quad m \in \mathbb{N} \tag{8.2}$$

で定めればおしまいだ．厳密にはこのように余積の標準的な射を付けて区別する必要があるだろうが，煩雑だから話の上では，たとえば $\iota^2_{1,A} \circ a_{m+1}$ を a_{m+1} と同一視して「A の要素」と呼んでも良い

ことにしよう．

N：そう考えれば，$a_1 \cdots a_n$ の後ろに $*$ が無限個並んだ列が実現できているな．

S：これで，A^n の要素に対して $\mathrm{Hom}(\mathbb{N}, 1+A)$ の要素がただ一つ定まることがわかったから，A^n から $\mathrm{Hom}(\mathbb{N}, 1+A)$ への写像が存在することがわかる．この写像を ι^n と書こう．(8.2) の定め方から ι^n は単射だから，ι^n は $\mathrm{Hom}(\mathbb{N}, 1+A)$ の部分だ．この定義は $n=0$ の場合をも含んでいて，$*$ に対して $\iota^0 \circ *$ は，すべての自然数に対して $*$ を返す写像，つまり $*$ のみが無限に並んだ列を表す．さて次に，各 $n \in \mathbb{N}$ に対して，$A^n \xrightarrow{\iota^n} \mathrm{Hom}(\mathbb{N}, 1+A)$ の特性射を $\mathrm{Hom}(\mathbb{N}, 1+A) \xrightarrow{\varphi_n} \Omega$ とし，φ_n をカリー化して得られる $\Omega^{\mathrm{Hom}(\mathbb{N}, 1+A)}$ の要素を $\tilde{\varphi}_n$ としよう．さらに，この n から $\tilde{\varphi}_n$ への対応が定める写像を $\mathbb{N} \xrightarrow{\tilde{\varphi}} \Omega^{\mathrm{Hom}(\mathbb{N}, 1+A)}$ とおき，これをアンカリー化した写像を $\mathbb{N} \times \mathrm{Hom}(\mathbb{N}, 1+A) \xrightarrow{\varphi} \Omega$ とおく．

N：実にややこしい．煙に巻こうとして管を巻いているのではないか．

S：君こそわけのわからないことを言っていないで，ちゃんと理解しようとしたまえ．まず定義から，$n \in \mathbb{N}$ に対して $\tilde{\varphi} \circ n = \tilde{\varphi}_n$ だ．だから，$\alpha \in \mathrm{Hom}(\mathbb{N}, 1+A)$ に対して $\varphi \circ \begin{pmatrix} n \\ \alpha \end{pmatrix} = \varphi_n \circ \alpha$ が成り立つ．$\varphi_n \circ \alpha$ は α が ι^n に属するか否かを表すものだから，全体として

$$\varphi \circ \begin{pmatrix} n \\ \alpha \end{pmatrix} = \begin{cases} \mathrm{True} & \alpha \in \iota^n \\ \mathrm{False} & \alpha \notin \iota^n \end{cases} \tag{8.3}$$

だ．

N：言葉で表せば，$\varphi \circ \begin{pmatrix} n \\ \alpha \end{pmatrix}$ は「$\alpha \in \iota^n$ である」という命題なわけだ．

S：あとは引き戻し，全射単射分解，部分対象分類子を活用して，次のように $\mathrm{Hom}(\mathbb{N},1+A)\xrightarrow{\exists_{\mathbb{N}}\varphi}\Omega$ を定める：

$$
\begin{array}{ccccccc}
1 & \longleftarrow & M_\varphi & \xrightarrow{\quad e \quad} & I & \longrightarrow & 1 \\
{\scriptstyle\mathrm{True}}\downarrow & & \downarrow{\scriptstyle m_\varphi} & & \downarrow{\scriptstyle m} & & \downarrow{\scriptstyle\mathrm{True}} \\
\Omega & \xleftarrow[\varphi]{} & \mathbb{N}\times\mathrm{Hom}(\mathbb{N},1+A) & \xrightarrow[\pi^2]{} & \mathrm{Hom}(\mathbb{N},1+A) & \overset{}{\underset{\exists_{\mathbb{N}}\varphi}{\dashrightarrow}} & \Omega
\end{array}
$$

話は三つの四角形を左から順に追っていけば良い．まずは φ から出発して $\mathbb{N}\times\mathrm{Hom}(\mathbb{N},1+A)$ の部分 m_φ を得る．次に $N\times\mathrm{Hom}(\mathbb{N},1+A)$ から $\mathrm{Hom}(\mathbb{N},1+A)$ への標準的な射 $\pi^2_{\mathbb{N},\mathrm{Hom}(\mathbb{N},1+A)}$ との合成をとって，全射単射分解 $M_\varphi\xrightarrow{e}I\xrightarrow{m}\mathrm{Hom}(\mathbb{N},1+A)$ を考えて，m の特性射として $\exists_{\mathbb{N}}\varphi$ を定める．

N：またこんなややこしい話を．$\exists_{\mathbb{N}}\varphi$ がどういった命題なのかを確認しないとわけがわからないな．どんな $\alpha\in\mathrm{Hom}(\mathbb{N},1+A)$ に対して $\exists_{\mathbb{N}}\varphi\circ\alpha=\mathrm{True}$ となるかを確認すれば良いが，これは α が m に属することと同値で，e は全射だから，$x\in M_\varphi$ で $\alpha=m\circ e\circ x$ となるものが存在することと同値だ．$m\circ e=\pi^2_{N,\mathrm{Hom}(\mathbb{N},1+A)}\circ m_\varphi$ なのだから，$n\in\mathbb{N}$ で $\begin{pmatrix}n\\ \alpha\end{pmatrix}=m_\varphi\circ x$，つまり $\varphi\circ\begin{pmatrix}n\\ \alpha\end{pmatrix}=\mathrm{True}$ となるものが存在することと同値で，ほう，これで (8.3) と関連付いたな．

S：つまり $\exists_{\mathbb{N}}\varphi\circ\alpha$ というのは，「$n\in\mathbb{N}$ で $\alpha\in\iota^n$ となるものが存在する」という命題を表しており，目当ての (8.1) は $I\xrightarrow{m}\mathrm{Hom}(\mathbb{N},1+A)$ として得られたことになる．そこで I も m も改めて $A^*\xrightarrow{\iota^*}\mathrm{Hom}(\mathbb{N},1+A)$ と書き直しておこう．

N：これで集合としての建て付けは整ったから，あとは二項演算を定めれば良いな．

S: 二項演算については，正に文字列の結合をそのまま定めれば良いのだが，その前に A^* の要素の取り扱い方についてはっきりとさせておこう．$\alpha \in A^*$ に対して，当然 $\iota^* \circ \alpha \in \mathrm{Hom}(\mathbb{N}, 1+A)$ は ι^* に属するから，$n \in \mathbb{N}$ で $\iota^* \circ \alpha \in \iota^n$ となるものが存在する．ちなみに当たり前に思うかもしれないが，こういった n はただ一つに定まる．仮に n とは異なった $m \in \mathbb{N}$ で $\iota^* \circ \alpha \in \iota^m$ となるものが存在したとしよう．$n<m$ なら，$k \in \mathbb{N}$ で $n<k \leqq m$ となるものがとれて，この k に対して $\iota^* \circ \alpha \circ k$ がどういった要素を表すかを考える．(8.2) から，$\iota^* \circ \alpha \in \iota^n$ の立場からは $*$ で，一方 $\iota^* \circ \alpha \in \iota^m$ の立場からは A の要素となって，等しくならない．$n>m$ でも話は同じで，$n=m$ でなければならないことがわかる．この一意な自然数 n を α の**長さ**と呼ぶことにしよう．

N: 要は文字列の「文字数」に相当する概念だな．特に $n=0$ の場合を考えると，空文字 $* \in A^0$ に対応する $\iota^0 \circ * \in \iota^*$ は当然 ι^0 に属するから長さ 0 の文字列ということで，直感にあう．

S: ところで ι^* に属する $\mathrm{Hom}(\mathbb{N}, 1+A)$ の要素はいずれかの ι^n に属するもので，またいずれかの A^n の要素を ι^n によって $\mathrm{Hom}(\mathbb{N}, 1+A)$ にうつすと，これは ι^* に属することになることがわかっているわけだが，ここまで来るともう $\mathrm{Hom}(\mathbb{N}, 1+A)$ を介さずに直接 A^n と A^* との関係を考えた方が手っ取り早いだろう．

N: そもそも $\mathrm{Hom}(\mathbb{N}, 1+A)$ 自体が「すべての A^n を含む何か大きな集合」程度の扱いだったからな．

S: 話は簡単で，まず $n \in \mathbb{N}$ を固定する．A^n の要素 a について，$\iota^n \circ a \in \mathrm{Hom}(\mathbb{N}, 1+A)$ は ι^n に属するから ι^* に属し，したがって $\overline{a} \in A^*$ で $\iota^n \circ a = \iota^* \circ \overline{a}$ となるものが存在する．ι^* は単射だからこういった $\overline{a}$ は一意に定まる．そのため a から $\overline{a}$ への対応から定

まる写像 $A^n \xrightarrow{\overline{\iota}^n} A^*$ を考えることができる．$\overline{a} = \overline{\iota}^n \circ a$ で $a \in A^n$ は任意にとれたから，well-pointed 性によって $\iota^n = \iota^* \circ \overline{\iota}^n$ という関係にあることがわかる．ι^n, ι^* は単射だから $\overline{\iota}^n$ も単射で，晴れて $A^n \xrightarrow{\overline{\iota}^n} A^*$ は A^* の部分だという身分が固まったことになる．

N：まとめると，A^* にどんな要素 α にも長さと呼ばれる自然数 n が一意的に対応していて，$\iota^* \circ \alpha \in \iota^n$ となる．ι^n については $\iota^n = \iota \circ \overline{\iota}^n$ と分解できるから，$a \in A^n$ で $\alpha = \overline{\iota}^n \circ a$ となるものが存在して，しかもこれは，$\overline{\iota}^n$ が単射であることによって一意だ．

S：となれば，A^* の要素は A^n の要素のように A の要素を並べて表記してしまうのが自然だろう．そういった表現が一意に定まることがもうわかったのだからな．ただし，特に長さが 1 の場合の A の要素との区別のために「$\ulcorner a_1 \cdots a_n \urcorner$」と記号を付けておくことにする．空文字については $*$ のままにしておこう．ここまではっきりさせれば，文字列の結合としての二項演算を定めることは簡単で，やるべきことは「n と m との和は $n+m$ だ」ということ以上の何ものでもない．二項演算を「$+$」とし，また $\alpha, \beta \in A^*$ に対して $+ \circ \begin{pmatrix} \alpha \\ \beta \end{pmatrix}$ のことを $\alpha + \beta$ と記す中置記法を用いることにする．α, β の長さを n, m として，積のカノニカルな同型 $A^n \times A^m \cong A^{n+m}$ と整合的に $+$ を定める．

N：要は α の後ろに β を並べて一つの文字列だとみなすということだな．確かに $n+m$ という計算でしかない．

S：もう少し詳しく言えば，n, m がともに正である場合，α, β をそれぞれ $\ulcorner a_1 \cdots a_n \urcorner$，$\ulcorner b_1 \cdots b_m \urcorner$ と表して，$\alpha + \beta$ を $\ulcorner a_1 \cdots a_n b_1 \cdots b_m \urcorner$ で定めるということだ．$n = 0$，つまり $\alpha = *$ の場合は $\alpha + \beta = \beta$，$m = 0$ の場合は $\alpha + \beta = \alpha$ と定める．

N: となると単位律は明らかで，結合律は集合の積の結合律から出ることになる．

S: さてこれでようやく $\langle A^*, +, *\rangle$ がモノイドであることがいえた．これを A 上の**自由モノイド**と呼ぶ．

3. 自由について

N:「必要最小限の条件しか持たないモノイド」という単純なものの割にはややこしい話だったな．

S: まあそれは何を既知の概念とするかによることだ．必要なことは定義 1 で述べられていて，内容は非常に単純だった．だが我々は圏論的集合論でどういったことがどのようにしてできるのかということを今までそれ程取り扱ってこなかったから，この機会に一気に色々と確かめていたということだ．

N: ということは君の怠惰によってこのややこしさが生じたということか．

S: もちろんそれは，私の怠惰を指摘してこなかった君の怠惰が原因だといっても同じことだ．さて最後に圏論的な自由さについて述べておこう．

N:「圏論は自由だ」と叫んで爆発するつもりじゃないだろうね．

S: 何の話だね．「必要最小限の条件しか持たない」から自由だ，と言うだけでなく，圏論らしく他のものとの関係性で言うとどうなるか，ということだ．ここでは，A の要素を長さ 1 の文字列とみなす $A \xrightarrow{\iota^1} A^*$ が特に重要となる．

定理 2　A は集合とする．モノイド B と写像 $A \xrightarrow{f} |B|$ に対して，**Mon** の射 $\langle A^*, +, * \rangle \xrightarrow{\bar{f}} B$ で

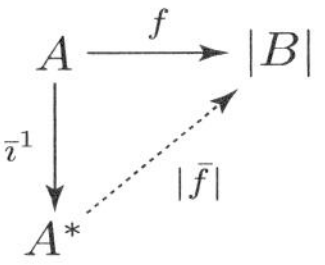

が **Set** において可換となるようなものが一意に存在する．

N：つまり要素レベルの関係だけからモノイド準同型が勝手に定まってしまうということか．

S：モノイド準同型であれば当然要素の対応にもなっているわけだから，「自由モノイド」が最も条件の緩いモノイドだということがわかるだろう．空文字 $*$ は A の要素でないから， $A \xrightarrow{f} |B|$ は $*$ については何の条件も課していない．そこで $A^* \xrightarrow{g} |B|$ を次のように定めよう．まず $*$ については，B の単位元 u_B を返すように $g \circ * = u_B$ とする．次に長さが正の文字列 α については，長さを n として $\alpha = \ulcorner a_1 \cdots a_n \urcorner$ と表した上で

$$g \circ \alpha = (f \circ a_1) *_B \cdots *_B (f \circ a_n)$$

と定める．ここで「$*_B$」は B の二項演算を中置表記したものだ．定義から，g はモノイド準同型の条件をみたす．また任意の $a \in A$ に対して

$$g \circ \bar{\iota}^1 \circ a = a \circ \ulcorner a \urcorner = f \circ a$$

だから，well-pointed 性によって $g \circ \bar{\iota}^1 = f$ だ．というわけで，g に対応する **Mon** の射 $\tilde{g}$ は $\bar{f}$ がみたすべき条件をみたしている．あとは一意性についてだが，**Mon** の射 $\langle A^*, +, * \rangle \xrightarrow{h} B$ で $|h| \circ \bar{\iota}^1 = f$ をみたすものを考える．h のモノイド準同型性により，$|h| \circ * = u_B$ で，また長さが正の自然数 n であるような文字列

$\alpha = a_1 \cdots a_n$ に対しては

$$\begin{aligned} |h| \circ \ulcorner a_1 \cdots a_n \urcorner &= (|h| \circ \ulcorner a_1 \urcorner) *_B \cdots *_B (|h| \circ \ulcorner a_n \urcorner) \\ &= (|h| \circ \overline{\iota}^1 \circ a_1) *_B \cdots *_B (|h| \circ \overline{\iota}^1 \circ a_n) \\ &= (f \circ a_1) *_B \cdots *_B (f \circ a_n) \\ &= g \circ \ulcorner a_1 \cdots a_n \urcorner \end{aligned}$$

で，well-pointed 性により $g = |h|$ とわかる．したがって対応する **Mon** の射についても $\tilde{g} = h$ だ．この手の性質を持つものの定めとして自由モノイドは同型を同一視すれば一意に定めるのだが，次回はこの点を明らかにしていこう．

1. 自由モノイドの一意性

S：前回は与えられた集合からその集合上の自由モノイドを構成して，得られた自由モノイドが「自由」の名を冠するにふさわしい性質を持っていることを示した．念のために概略を述べておくと，集合 A に対して「A の要素を文字とみなしたときの有限文字列全体 A^*」というものを考えることが正当化できて，文字列の結合 $+$ を二項演算，空文字 $*$ を単位元とする「自由モノイド $\langle A^*, +, * \rangle$」が定義できた．そして A の要素を「一文字の文字列」として A^* の要素とみなす単射 $A \xrightarrow{\bar{\imath}^1} A^*$ と合わせて，A 上の自由モノイドは次のような性質を持っていた．すなわち，モノイド M と写像 $A \xrightarrow{f} |M|$ とに対して，モノイド準同型 $\langle A^*, +, * \rangle \xrightarrow{\bar{f}} M$ で，

$$
\begin{array}{ccc}
A & \xrightarrow{f} & |M| \\
{\scriptstyle \bar{\imath}^1}\downarrow & \nearrow{\scriptstyle |\bar{f}|} & \\
A^* & &
\end{array}
\tag{9.1}
$$

が **Set** において可換となるようなものが一意に存在する．この性質を**自由性**と呼ぶ．

N：それで，モノイド間の同型を同一視してしまえば，自由性をみたすモノイドは一意に定まるということを示したいと言っていたな．

S：まあそのままやっても良いのだが，折角今までいろいろと見てきたのだから，これまでの話と絡めて示そう．まずそもそも「自由モノイドを域とする射が一意に存在する」というのだから，何らかの圏の始対象に相当するのではないかと想像がつくだろう．そして (9.1) から，自由性は対象だけではなく A からの射と関わる性質なのだとわかる．以前いろいろと調べたスライス圏はある特定の対象への射全体の成す圏だったから*[1]，この双対である「コスライス圏」がヒントになるはずだ．

N：コスライス圏なら，ある特定の対象からの射全体の成す圏になるから，(9.1) のかたちと合っているな．だが，スライス圏にしろコスライス圏にしろ，出てくる対象や射は同じ圏のものじゃなかったか？ 今回は **Set** のものや **Mon** のものが混在しているが．

S：まさにその理由のため，コスライス圏そのものを使うのではなく少し一般化する必要がある．射が主役の圏で，おまけに一般化する必要があるのだから，これはもう一般射圏（コンマ）の出番だろう．

N：なんだか無茶苦茶な理由だなあ．まあスライス圏自体，一般射（コンマ）圏として定義されているのだから，ここから一般化するならまっとうな道筋か．

S：話はスライス圏のときと同じで，集合 A を圏 $\mathbf{1}$ から **Set** への関手とみなす*[2]．**Mon** から **Set** への忘却関手を U とおけば，我々が取り扱うべき圏は一般射（コンマ）圏 $(A \longrightarrow U)$ だ． $(A \longrightarrow U)$ の対象はモノイド M とこれに付随する写像 $A \xrightarrow{f} |M|$ との組 $\langle M, f\rangle$ で，射 $\langle M, f\rangle \xrightarrow{\alpha} \langle M', f'\rangle$ の実体は **Set** の可換図式だ：

---

*1　単行本第1巻第12話第1節参照.

*2　圏 $\mathbf{1}$ のただ一つの対象を集合 A にうつす関手.

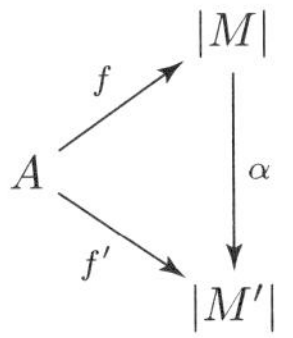

N: となると，$\langle A^*, +*\rangle$ の持つ自由性は「$\langle\langle A^*, +, *\rangle, \overline{\iota}_1\rangle$ は $(A \longrightarrow U)$ の始対象である」と言い換えられるな．

S: 始対象は同型な対象を同一視すれば一意だから，自由モノイドは一意だ．ここでこの一意性は単にモノイドとして一意なのではなく，$\overline{\iota}_1$ と組み合わせた上で一意なのだということに注意してくれ．

N: A の要素をどのように自由モノイドの台集合の要素とみなすかという，このみなし方も含めるということだな．

S: 単にモノイドとしてではない，ということが明確にわかったのだから，これは一般射圏(コンマ)を経由したメリットといえるだろう．さて改めてわかったことをまとめると，前回調べたことは A の要素を文字とみなしたときの有限文字列全体が成すモノイド $\langle A^*, +, *\rangle$ が自由性を持つということだ．そして今わかったことは，自由性を持つモノイドは同型を同一視すれば一意に定まるということだ．つまり，我々は $\langle A^*, +, *\rangle$ が自由性を持つから自由モノイドと呼んでいたのだけれど，今回わかったことによって，正にこれこそが自由モノイドなのだと胸を張って呼べるようになったわけだ．

N: 何となく良い感じに作ったものだったが，実はこれ以外に考えられても同型となってしまうようなものだったのか．

2. 自由関手

S: これで自由モノイドは導入できたわけだから，このまま自由可換モノイドの話に移っても良いのだけれど，もうあと少し調べるだけでいろいろと重要なことが言えるから，この機会に脱線していこう．

N: またそんな無軌道な．そんなことでは一般社会では生きていけないぞ．

S: なんと，そうなのか．数学者で良かった．脱線する糸口は自由性の条件に表れていた，写像 $A \xrightarrow{f} |M|$ に対してモノイド準同型 $\langle A^*, +, * \rangle \xrightarrow{\bar{f}} M$ が一意に対応しているという点だ．A から $\langle A^*, +, * \rangle$ への対応が関手を定めるとして，これを F としよう．忘却関手は引き続き U とした上で，さらに言葉遣いも変えると，自由性とは

Set の射 $A \xrightarrow{f} U(M)$ に対して **Mon** の射 $F(A) \xrightarrow{\bar{f}} M$ の射が一意に定まる

と表現できる．

N: ほう,「自由関手」とでも呼ばれるべき F と忘却関手 U とが随伴関係にあるということか．やはり真の自由は忘却によってもたらされるのだなあ．

S: 君がどのような思想を抱こうが，それこそ自由だが，前半部分についてはまさにその通りで，このあたりのことを調べていこう．まずは「自由関手」の定め方だ．今まで集合としては A 一つだけしか扱ってこなかったから ι の添え字に A を付けていなかったが，ここからはいろいろな集合上の自由モノイドが出てくるから，記号を改めて添え字を付けて η_A と書くことにしよう．η

を用いているのは，もちろん随伴の単位を見越してのことだ．さて自由関手についてだが，写像 $A \xrightarrow{f} B$ に対してモノイド準同型 $\langle A^*, +_A, *_A\rangle \xrightarrow{\tilde{f}} \langle B^*, +_B, *_B\rangle$ をどう定めるかが問題だ．だがこれは f と $B \xrightarrow{\eta_B} B^*$ とを合成して自由性による射の対応を考えれば良い．

N：合成した $\eta_B \circ f$ は A から B^* への写像となるが，$B^* = U(\langle B^*, +_B, *_B\rangle)$ だから，$\langle A^*, +_A, *_A\rangle$ の自由性により $\langle A^*, +_A, *_A\rangle$ から $\langle B^*, +_B, *_B\rangle$ へのモノイド準同型 $\tilde{f}$ で

$$\begin{array}{ccc} A & \xrightarrow{\eta_A} & A^* \\ {\scriptstyle f}\downarrow & & \vdots\,{\scriptstyle |\tilde{f}|} \\ B & \xrightarrow[\eta_B]{} & B^* \end{array} \tag{9.2}$$

を可換にするものがただ一つ存在する．

S：この $A \xrightarrow{f} B$ から $\langle A^*, +_A, *_A\rangle \xrightarrow{\tilde{f}} \langle B^*, +_B, *_B\rangle$ への対応を F と書こう．恒等射，合成射の対応について確認して対応 F が関手であることを確かめる．(9.2) で f として 1_A を用いると，$F(1_A)$ は忘却関手でうつしたときに

$$\begin{array}{ccc} A & \xrightarrow{\eta_A} & A^* \\ {\scriptstyle 1_A}\downarrow & & \vdots\,{\scriptstyle |F(1_A)|} \\ A & \xrightarrow[\eta_A]{} & A^* \end{array}$$

を可換にする一意な射だが，$1_{F(A)}$ もまた同じ性質を持つ．忘却関手の関手性によって $|1_{F(A)}| = 1_{|F(A)|} = 1_{A^*}$ だからな．だから $F(1_A) = 1_{F(A)}$ だ．

N：合成の方については，$A \xrightarrow{f} B$ と $B \xrightarrow{g} C$ との合成を F でうつした $F(g \circ f)$ を考えると，これは忘却関手でうつしたときに

$$
\begin{array}{ccc}
A & \xrightarrow{\eta_A} & A^* \\
{\scriptstyle g\circ f}\downarrow & & \vdots\,{\scriptstyle |F(g\circ f)|} \\
C & \xrightarrow[\eta_C]{} & C^*
\end{array}
$$

を可換にする一意な射で，ああ，あとは同じだな．$F(g) \circ F(f)$ を忘却関手でうつすと，関手性によって $|F(g) \circ F(f)| = |F(g)| \circ |F(f)|$ となって，

$$
\begin{array}{ccc}
A & \xrightarrow{\eta_A} & A^* \\
{\scriptstyle f}\downarrow & & \downarrow{\scriptstyle |F(f)|} \\
B & \xrightarrow{\eta_B} & B^* \\
{\scriptstyle g}\downarrow & & \downarrow{\scriptstyle |F(g)|} \\
C & \xrightarrow[\eta_C]{} & C^*
\end{array}
$$

が可換だから，一意性により $F(g \circ h) = F(g) \circ F(f)$ となる．恒等射，合成射についてのそれぞれの条件が，忘却関手の対応する条件が鍵となって導かれるんだな．

S：そういった点もまた自由と忘却との間の深い関係を示唆している．さてこうして得られた関手を**自由関手**と呼ぶことにしよう．

3. 自由と忘却との間の随伴関係

N：あとは自由関手 F と忘却関手 U との間の随伴関係か．

S：まずは η が 1_{set} から UF への自然変換であることを確認しよう．だが実はこのことは，自由関手 F を定めるときに用いた図式 (9.2) によって示されているんだ．$A^* = UF(A)$ であることに注意して，F, U を用いて図式を描き直せば良い．

N：描き直すと (9.2) は，任意の写像 $A \xrightarrow{f} B$ に対して

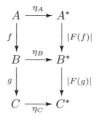

$$
\begin{array}{ccc}
A & \xrightarrow{\eta_A} & UF(A) \\
{\scriptstyle f}\downarrow & & \downarrow{\scriptstyle UF(f)} \\
B & \xrightarrow[\eta_B]{} & UF(B)
\end{array}
$$

が可換であることを意味するから，なるほどこれは自然変換の条件だ．

S：あとは相方の自然変換である余単位 $FU \overset{\varepsilon}{\Longrightarrow} 1_{\mathbf{Mon}}$ の存在，三角等式の成立がいえれば良い．まあこのあたりは以前やったことだから，なにをすれば良いかはもうわかっている*3．集合 A，モノイド M に対して，自由性によって定まる $\mathrm{Hom}_{\mathbf{Set}}(A, U(M))$ から $\mathrm{Hom}_{\mathbf{Mon}}(F(A), M)$ への写像を $\psi_{A,M}$ とおき，$FU(M) \xrightarrow{\varepsilon_M} M$ を $\varepsilon_M := \psi_{U(M),M}(1_{U(M)})$ で定める．この ε_M を用いると，$f \in \mathrm{Hom}_{\mathbf{Set}}(A, U(M))$ に対する $\psi_{A,M}$ の作用は自由性によって

$$\psi_{A,M}(f) = \varepsilon_M \circ F(f)$$

と表すことができる．

N：$\psi_{A,M}(f)$ というのは，忘却関手でうつしたときに $U(\psi_{A,M}(f)) \circ \eta_A = f$ をみたす一意な射だから，$\varepsilon_M \circ F(f)$ も同じだということを示せば良いな．

S：実際これは

$$
\begin{array}{ccccc}
UF(A) & \xrightarrow{UF(f)} & UFU(M) & \xrightarrow{U(\varepsilon_M)} & U(M) \\
{\scriptstyle \eta_A}\uparrow & & \uparrow{\scriptstyle \eta_{U(M)}} & \nearrow{\scriptstyle 1_{U(M)}} & \\
A & \xrightarrow[f]{} & U(M) & &
\end{array}
$$

の可換性から従う．左側の四角形は η が自然変換であることから可換で，右側の三角形は ε_M の定義により可換だ．次に

*3 単行本第 1 巻第 6 話参照．

$\mathrm{Hom}_{\mathbf{Mon}}(F(A), M)$ から $\mathrm{Hom}_{\mathbf{Set}}(A, U(M))$ への写像 $\varphi_{A,M}$ を，$g \in \mathrm{Hom}_{\mathbf{Mon}}(F(A), M)$ に対して

$$\varphi_{A,M}(g) = U(g) \circ \eta_A$$

で定める．明らかなことだが，$\eta_A = \varphi_{A,F(A)}(1_{F(A)})$ だ．三角等式は $\psi_{A,M}, \varphi_{A,M}$ が互いの逆であることから出ることだった．

N：$g \in \mathrm{Hom}_{\mathbf{Mon}}(F(A), M)$ に対して，$\varphi_{A,M}$ の定義から

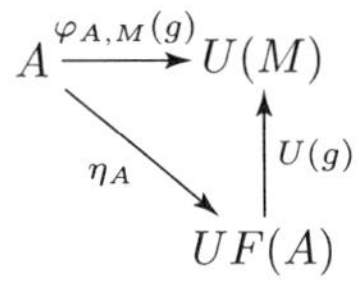

が可換だけれど，これは自由性によって $\psi_{A,M} \circ \varphi_{A,M}(g) = g$ であることを意味している．一方，$f \in \mathrm{Hom}_{\mathbf{Set}}(A, U(M))$ に対して $\varphi_{A,M} \circ \psi_{A,M}(f) = U(\psi_{A,M}(f)) \circ \eta_A$ となるが，そもそも $\psi_{A,M}(f)$ は自由性によって得られる f の対応物なのだから，(9.1) によって $U(\psi_{A,M}(f)) \circ \eta_A = f$ だ．

S：g として $1_{F(A)}$ を考えれば，

$$\begin{aligned} 1_{F(A)} &= \psi_{A,F(A)} \circ \varphi_{A,F(A)}(1_{F(A)}) \\ &= \psi_{A,F(A)}(\eta_A) \\ &= \varepsilon_{F(A)} \circ F(\eta_A) \end{aligned}$$

が得られる．また，f として $1_{U(M)}$ を考えれば，この等式の双対である

$$1_{U(M)} = U(\varepsilon_M) \circ \eta_{U(M)}$$

が得られるから，まとめれば

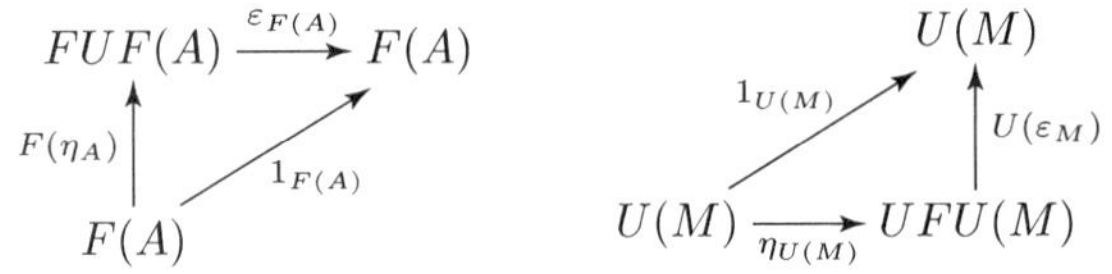

(9.3)

が可換だと示されたことになる．これは自然変換の間の等式である三角等式を各対象のレベルまで下したものだ．こんな言い方になってしまうのは ε が自然変換であることがまだわかっていないからで，ε_M が自然変換を定めることがわかれば良い．

N：任意のモノイド準同型 $M \xrightarrow{\alpha} N$ に対して

$$
\begin{array}{ccc}
FU(M) & \xrightarrow{\ \varepsilon_M\ } & M \\
{\scriptstyle FU(\alpha)}\big\downarrow & & \big\downarrow {\scriptstyle \alpha} \\
FU(N) & \xrightarrow[\ \varepsilon_N\]{} & N
\end{array}
$$

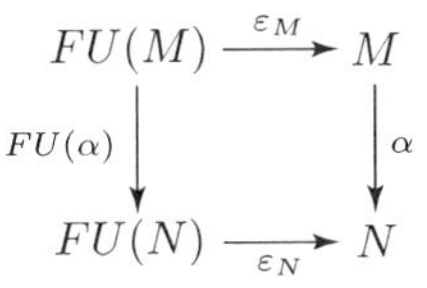

が可換なら良い．$\varepsilon_N \circ FU(\alpha) = \psi_{U(M),N}(U(\alpha))$ だから，これは $U(M) \xrightarrow{U(\alpha)} U(N)$ から自由性によって得られるモノイド準同型だ．となれば $\alpha \circ \varepsilon_M$ が $U(\alpha \circ \varepsilon_M) \circ \eta_{U(M)} = U(M)$ をみたすことがわかれば，一意性によって両者が等しいといえる．図式で描けば

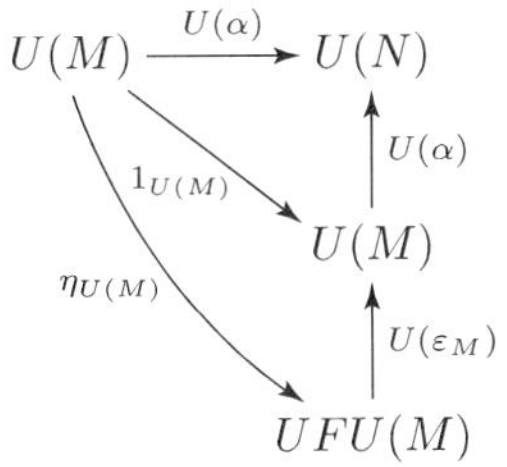

の可換性が問題だが, (9.3) の右側の図式の可換性から勝手に可換になるな．

S：その通り．次回はここまでを振り返りつつ，線型代数の要ともいうべき「自由可換モノイド」について考えよう．

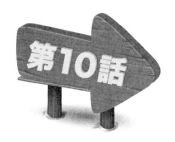

第10話

1．振り返り

S：なんとまあ，圏論の話をし始めてから三年たって，もう四年目だよ，君．

N：人生百年としたら，3% も無駄にしたわけか．

S：どうせ碌なことをしないんだから細かいことを気にするな．それに，人生千年としたら，たったの0.3% じゃないか．さて，最初の一年は概ね圏論の基礎固め，そしてトポスを通じた圏論的集合論にあてられていた．次の一年は論理の話をしたり，米田の話をしたりしながら，モノイドだとか可換モノイドに踏み込んでいったのだった．可換モノイドの圏においては積と余積とが一致して，その結果行列計算を行えることがわかった．

N：直近の一年は，行列計算の応用ということで，平面上の等長写像の分類や三角関数の加法定理の証明，トロピカル代数の初歩の話で始まったな．その後は何をしたんだっけ？

S：何をもなにも，何もしていない．ずっとテンソル積を導入しようとし続けていただけだ．

N：え，僕がぼんやりと相槌を打っている間にそんな悠長なことをしていたのか．そんなことだから日本人は生産性が低いと諸外国から馬鹿にされるんだ．

S：そうはいってもだな，テンソル積とは「自由可換モノイド上の適当な合同関係による商モノイドである」と一言で定義できるものの，この一言がとんでもなく重かったのだから仕方ない．話を始めるときにも言ったように[*1]，この定義に出てくる単語の一つたりとも定義していなかったのだからな．

N：ふうん，難儀なことだなあ．

S：まずは，集合圏 **Set** において，分割と同値関係とが等価であることを見て，然る後に同値関係をより一般の圏においても記述できるかたちにした合同関係を定義した．この道すがら，要素の対応が **Set** における射を定めること[*2]だとか，補集合が定義できること[*3]だとかを確認していった．それで，**Mon** から **Set** への忘却関手が極限を保つこと[*4]を見て，いよいよ第一の佳境である **Mon** における合同関係や余解(コイコライザ)の話に移っていったわけだ．この直前で，**Mon** の射 f が単射であることは $|f|$ が **Set** の単射であることと同値だと証明したが，これを自由モノイドの概念を用いて見直そう．

N：$|f|$ が単射なら f も単射であることはすぐわかったな．逆は，f の域を M として，$a \in |M|$ に対して，$\mathbb{N} \xrightarrow{\overline{a}} |M|$ を

$$\overline{a} \circ n = \underbrace{a *_M \cdots *_M a}_{n}$$

で定めることが鍵となっていた．この a から $\overline{a}$ への対応が一対一なのだったな．

S：自由モノイドの概念を知った今となっては，この部分が自由性そ

---

*1 第2話第2節参照.

*2 単行本第1巻第11話第4節参照.

*3 第4話第1節参照.

*4 第5話第2節参照.

のものに見えるだろう． $a \in |M|$ は $1 \xrightarrow{a} |M|$ だから，**Mon** の射 $\hat{a}$ で

$$\begin{array}{ccc} 1 & \xrightarrow{a} & |M| \\ & {}_{\eta_1}\searrow & \uparrow{\scriptstyle |\hat{a}|} \\ & & 1^* \end{array}$$

を可換にするものが一意に存在する．この $|\hat{a}|$ が，我々が構成した $\overline{a}$ に他ならない．

N：一点集合 1 の要素を $\bullet$ とすれば，1^* の要素は「$\bullet$ を何個並べたか」だけで決まるから，自然数 n を一つ定めれば 1^* の要素 $\underbrace{\bullet\cdots\bullet}_{n}$ が一つ定まる．そしてこの要素は $|\hat{a}|$ によって

$$\begin{aligned} |\hat{a}| \circ \ulcorner \underbrace{\bullet\cdots\bullet}_{n} \urcorner &= \underbrace{(|\hat{a}| \circ \ulcorner \bullet \urcorner) *_M \cdots *_M (|\hat{a}| \circ \ulcorner \bullet \urcorner)}_{n} \\ &= \underbrace{(|\hat{a}| \circ \eta_1 \circ \bullet) *_M \cdots *_M (|\hat{a}| \circ \eta_1 \circ \bullet)}_{n} \\ &= \underbrace{a *_M \cdots *_M a}_{n} \\ &= \overline{a} \circ n \end{aligned}$$

にうつるな．

S：特に，自然数に対して 1^* の要素が一つ定まるというところが重要だ．我々は今まで何度も自然数を持ち出してきたが，欲しかった性質はせいぜい足し算くらいのものだったから，自然数の豊富な性質のうちモノイドとしての性質しか用いない，いわば「牛刀をもって鶏を割く」ようなものだった．その点，一点集合上の自由モノイド 1^* は，正に欲しい性質だけを持った対象だといえるだろう．

N：ものを数えたり，足し合わせたりということの根幹を担った概念なんだな．

S：1^* における演算として，たとえば

$$\ulcorner \bullet\bullet \urcorner + \ulcorner \bullet\bullet\bullet \urcorner = \ulcorner \bullet\bullet\bullet\bullet\bullet \urcorner$$

なんかを考えると，本当に算数の足し算そのものだなと思えるだろ

う．さて，このあたりの話を終えて，**Mon** の任意の射のペアに対して余解（コイコライザ）が存在することを示した[*5]．これが第二の山場だった．その後，先程も使った自由モノイドを，集合の要素を文字と見なして，有限長の文字列全体として定められることを正当化した[*6]．そして，**Mon** から **Set** への忘却関手と，自由性から定まる **Set** から **Mon** への自由関手とが随伴関係を成すことを示して[*7]，今に至る．

2. リストモナド

N：ほう，なんだかんだと色々やっていたのだなあ．

S：あとは自由可換モノイドを導入すればテンソル積の定義に必要なものは揃うという段階だが，その前に自由と忘却との間の随伴関係の話についてもう少し補足しておこう．折角随伴があるのだからモナドの話もしておかないとな．**Mon** から **Set** への忘却関手を U，**Set** から **Mon** への自由関手を F とし，$L = UF$ とおく．このように定義された関手はモナドとなるが[*8]，まずは関手としてどのようなものであるかを確認しよう．

N：L は **Set** 上の自己関手で，集合 A に対して $L(A)$ は，A 上の自由モナドの台集合だから A^* のことだ．

S：射の対応については，要素間の対応を文字列間の対応に拡張するものとなる．つまり，写像 f について，$f \circ a_j = b_j$ であるとしたとき，$L(f)$ は $\ulcorner a_1 \cdots a_n \urcorner$ を $\ulcorner b_1 \cdots b_n \urcorner$ にうつすようなものだ．関

---

*5 第7話第1節参照．

*6 第8話第2節参照．

*7 第9話第3節参照．

*8 単行本第2巻第3話第1節参照．

数型言語でいう map に相当するものだと思っても良いだろう．さて，文字に対する文字列のようなものをいくつかのプログラミング言語では「リスト」と呼んでいるようだから，ここではこの L のことを**リストモナド**とでも呼ぶことにしよう．リストモナドは他のモナドと比べて直感的に理解しやすい部分がいくつもある．たとえば，何故自然変換 η のことを「単位」と呼ぶのかもリストモナドについては非常にわかりやすい．

N：$a \in A$ は η_A によって，一文字の文字列 $\ulcorner a \urcorner \in L(A)$ にうつるから，構成単位という感じだな．$L(A)$ の任意の要素はこれらの結合で表されるわけだし．単位は良いとして，余単位はどんなものなんだ．名前は単に単位の双対である，という以上の意味はないようだが．

S：モノイド M に対して，余単位 ε の M 成分 ε_M は $FU(M)$ から M への射だ．**Mon** の射は，モノイド準同型の性質をみたす写像にすぎないから，これを忘却関手でうつした $UFU(M) \xrightarrow{U(\varepsilon_M)} U(M)$ について考えよう．$U(M)$ はモノイド M の台集合 $|M|$ のことだから，$UFU(M) = L(|M|)$ と書きなおせる．

N：となると $U(\varepsilon_M)$ は，$|M|$ 上の文字列を $|M|$ に対応させる写像ということだな．

S：ではどういった対応なのかということだが，モノイド準同型性によって，一文字の文字列の対応先が決まればすべて決まる．実際，$L(|M|)$ の要素 $\ulcorner m_1 \cdots m_n \urcorner$ について

$$U(\varepsilon_M) \circ \ulcorner m_1 \cdots m_n \urcorner = (U(\varepsilon_M) \circ \ulcorner m_1 \urcorner) *_M \cdots *_M (U(\varepsilon_M) \circ \ulcorner m_n \urcorner)$$

と変形できる．そしてこの対応は，三角等式の片割れ

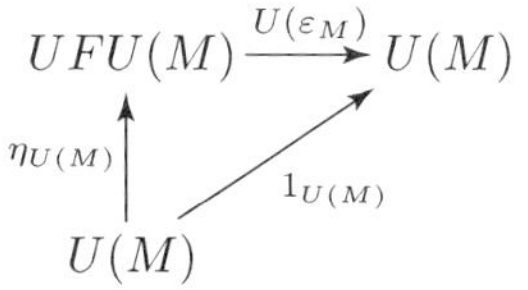

で決定される.

N: 任意の $m \in |M|$ に対して

$$U(\varepsilon_M)\circ \ulcorner m_1 \urcorner = U(\varepsilon_M)\circ \eta_{U(M)}\circ m = m$$

ということか. 一般の場合には, 先程の変形と合わせて

$$U(\varepsilon_M)\circ \ulcorner m_1 \cdots m_n \urcorner = m_1 *_M \cdots *_M m_n$$

となる.

S: わかりやすいように $|M|$ が自然数全体の集合で M の演算 $*_M$ が加法だとすれば, $U(\varepsilon_M)$ は自然数の有限列 $\{m_i\}$ を受け取って, すべてを足し合わせたものを返す写像で, $\sum$ に相当するものだといえる. 乗法なら $\prod$ だ.

N: 足し合わせたりかけ合わせたりという言葉からすると, 二つ以上の数に対してだけ意味のある操作に思えるが, $U(\varepsilon_M)$ は空列に対してはモノイド準同型性によって演算の単位元, 一つだけの場合は三角等式によってその要素そのものが返ってくるということで, 例外的な事象に対しても理論面から対応が勝手に定められているというのは便利に思える.

3. 自由可換モノイド

S: さあ, 自由性についての理解も深まっただろうから, そろそろ最後のピースである**自由可換モノイド**を定義しよう. とはいえもう既に知っている概念だけで定義できて, 自由モノイド上の適当な合同関係による商モノイドを考えれば良い.

N: ふうん, 最初に言っていたテンソル積の定義と似ているな.

S: 実際やるべきことは同じようなものだ. 成り立ってほしい関係式を余解(コイコライザ)で表現するのだからな. そういう意味ではテンソル積を

定義するための良い練習となるかもしれない．さて，自由モノイドは，モノイドであるための関係式以外どんな関係式も持たない「クリーンなモノイド」だったが，自由可換モノイドも同じく「クリーンな可換モノイド」だ．自由モノイドの条件と比べて足りないものは演算の可換性を表す関係式だから，これが成り立つようなモノイドを作ろう．

N：積の同型 $X\times Y \longrightarrow Y\times X$ を $\sigma_{X,Y}$ としたとき，モノイド $M=\langle |M|, \mu_M, u_M\rangle$ の演算の可換性は

$$\mu_M=\mu_M\circ\sigma_{M,M}$$

で表されたな．

S：やるべきことは単純で，左辺を表す射と右辺を表す射との余解(コイコライザ)をとるだけだ．ただしそのまま記述すると単なる **Set** の射になってしまって，求める **Mon** の射が得られないから自由性を活用した一工夫が必要となる．まあ実際にやっていこう．集合 A 上の自由モノイド $\langle A^*, +, *\rangle$ について，$A^*\times A^* \overset{f_L}{\underset{f_R}{\rightrightarrows}} A^*$ を次のように定める：

$$A^*\times A^* \xrightarrow{f_L} A^* = A^*\times A^* \xrightarrow{+} A^*$$

$$A^*\times A^* \xrightarrow{f_R} A^* = A^*\times A^* \xrightarrow{\sigma_{A^*,A^*}} A^*\times A^* \xrightarrow{+} A^*$$

ここから，自由性によって **Mon** の射のペア $F(A^*\times A^*) \overset{\hat{f}_L}{\underset{\hat{f}_R}{\rightrightarrows}} F(A)$ が得られるからこれらの余解(コイコライザ) $F(A) \xrightarrow{q} Q$ を考える．終わりだ．

N：え，そんな単純なことで良いのか？

S：苦労はもう既に色々な概念を設定するときに済ませているからな．

N：ふうん，規模は違うが，まるでスピヴァックの『多変数の解析学』におけるストークスの定理のようじゃないか．

S：まあこのまま自由性を示しても良いのだが，$\hat{f}_L, \hat{f}_R$ がどのような射であるかを確認しておこう．**Mon** における射は台集合間の写像

で決定されるから $|\hat{f}_L|, |\hat{f}_R|$ について考えれば良い.

N: だがその前に $F(A^*\times A^*)$ という気持ちの悪いものについて考えないと. $A^*\times A^*$ は, A の要素から作られる文字列の組だから, さらにその上の文字列を考えているのか?

S: $F(A^*\times A^*)$ に対する解釈はその通りで, この台集合は, 自然数 n および $\alpha_1,\cdots,\alpha_n$, $\beta_1,\cdots,\beta_n\in A^*$ を用いて $\ulcorner\binom{\alpha_1}{\beta_1}\cdots\binom{\alpha_n}{\beta_n}\urcorner$ と表されるようなもの全体から成る. とはいえ, 何度も見てきた通り, モノイド準同型性によって一文字の場合の連結として考えられて, さらに $\hat{f}_L, \hat{f}_R$ が自由性から得られたものであることとを組み合せれば, 作用は f_L, f_R に一致する. たとえば $\hat{f}_L$ については

$$\begin{aligned}|\hat{f}_L|\circ\ulcorner\binom{\alpha_1}{\beta_1}\cdots\binom{\alpha_n}{\beta_n}\urcorner &= \left(f_L\circ\binom{\alpha_1}{\beta_1}\right)+\cdots+\left(f_L\circ\binom{\alpha_n}{\beta_n}\right)\\ &=(\alpha_1+\beta_1)+\cdots+(\alpha_n+\beta_n)\end{aligned}$$

となる[*9]. 一文字 $\ulcorner\binom{\alpha}{\beta}\urcorner$ の場合, $|\hat{f}_L|$ では $\alpha+\beta$ にうつり, $|\hat{f}_R|$ では $\beta+\alpha$ にうつる.

N: そして余解(コイコライザ)でうつすと, A^* では区別されていた $\alpha+\beta$ と $\beta+\alpha$ とが $|Q|$ では一致することになって, 可換性がみたされるわけか.

S: より具体的に, たとえば $a,b,c\in A$ に対して $\ulcorner abc\urcorner$ と $\ulcorner acb\urcorner$ とについて考えてみよう. Q の演算を $+_Q$ と書くと, $|q|$ でうつすことで

$$\begin{aligned}|q|\circ\ulcorner abc\urcorner &=(|q|\circ\ulcorner a\urcorner)+_Q(|q|\circ\ulcorner bc\urcorner)\\ &=(|q|\circ\ulcorner a\urcorner)+_Q\left(|q|\circ|\hat{f}_L|\circ\ulcorner\binom{\ulcorner b\urcorner}{\ulcorner c\urcorner}\urcorner\right)\end{aligned}$$

となる. $|q|\circ|\hat{f}_L|=|q|\circ|\hat{f}_R|$ だから, 二つ目の括弧の中身は $\ulcorner cb\urcorner$ と計算できて, $|q|\circ\ulcorner abc\urcorner=|q|\circ\ulcorner acb\urcorner$ がわかる.

---

*9 念のため, α や β たちは A の要素から成る文字列で, 右辺に出てくる「+」は文字列の連結を表す.

N：なるほど，それらしいものができているようだな．

S：ということで後は確かめるだけだ．$|q|$が全射であること，Qが可換モノイドであること，そしてQが可換モノイドの圏 **CMon**，あるいは我々の言葉では圏 **Qua** において自由性を持つことを示そう．

N：一つ目については，そもそも **Mon** における余解（コイコライザ）は **Set** における余解（コイコライザ）を通じて定められていた．**Mon** の射 $M \xrightarrow{f} N$ に対して **Set** の射 Λ_f を

$$\Lambda_f = \mu_N \circ (\mu_N \times 1_{|N|}) \circ ((1_{|N|} \times |f|) \times 1_{|N|})$$

で定めれば，**Mon** の射のペア $M \overset{f}{\underset{g}{\rightrightarrows}} N$ の余解（コイコライザ）は **Set** の射のペア $(|N| \times |M|) \times |N| \overset{\Lambda_f}{\underset{\Lambda_g}{\rightrightarrows}} |N|$ の余解（コイコライザ）を通じて定められた[*10]から，写像として全射だ．Q の可換性についての議論はほとんど済んでいるけれど，整理すれば，まず次の三つの関係式：

$$|\hat{f}_L| \circ \eta_{A^* \times A^*} = f_L$$

$$|\hat{f}_R| \circ \eta_{A^* \times A^*} = f_R$$

$$q \circ \hat{f}_L = q \circ \hat{f}_R$$

から $|q| \circ f_L = |q| \circ f_R$ が得られる．$f_R = + \circ \sigma_{A^*, A^*}$ だから右辺は

$$|q| \circ f_R = +_Q \circ (|q| \times |q|) \circ \sigma_{A^*, A^*} = +_Q \circ \sigma_{Q,Q} \circ (|q| \times |q|)$$

と変形できる．一方で $f_L = +$ だから左辺は $|q| \circ f_L = +_Q \circ (|q| \times |q|)$ となり，$|q| \times |q|$が全射であることによって $+_Q = +_Q \circ \sigma_{Q,Q}$ がわかる．

S：自由性について確認するために，A から可換モノイド $M = \langle |M|, +_M, 0_M \rangle$ の台集合への写像 $A \xrightarrow{g} |M|$ を考える．$F(A)$ の自由モノイドとしての性質から **Mon** の射 $F(A) \xrightarrow{\hat{g}} M$ が得られるが，まず $\hat{g} \circ \hat{f}_L = \hat{g} \circ \hat{f}_R$ であることを示そう．これには，$\mathrm{Hom}_{\mathbf{Mon}}(F(A^* \times A^*), M)$ と $\mathrm{Hom}_{\mathbf{Set}}(A^* \times A^*, |M|)$ との間の同型に

*10 第 7 話の第 2 節参照．

よって，$|\hat{g}|\circ|\hat{f}_L|\circ\eta_{A^*\times A^*}=|\hat{g}|\circ|\hat{f}_R|\circ\eta_{A^*\times A^*}$ であることがわかれば良い．変形していくと，M が可換モノイドであることから

$$\begin{aligned}|\hat{g}|\circ|\hat{f}_R|\circ\eta_{A^*\times A^*} &= |\hat{g}|\circ+\circ\sigma_{A^*,A^*}\\ &= +_M\circ(|\hat{g}|\times|\hat{g}|)\circ\sigma_{A^*,A^*}\\ &= +_M\circ\sigma_{|M|,|M|}\circ(|\hat{g}|\times|\hat{g}|)\\ &= +_M\circ(|\hat{g}|\times|\hat{g}|)\\ &= |\hat{g}|\circ+\\ &= |\hat{g}|\circ|\hat{f}_R|\circ\eta_{A^*\times A^*}\end{aligned}$$

とわかる．$\hat{g}\circ\hat{f}_L=\hat{g}\circ\hat{f}_R$ は $|\hat{g}|\circ\Lambda_{\hat{f}_L}=|\hat{g}|\circ\Lambda_{\hat{f}_R}$ と同値で*11，$|q|$ は $\Lambda_{\hat{f}_L},\Lambda_{\hat{f}_R}$ の余解(コイコライザ)だから，$Q\xrightarrow{u}M$ で

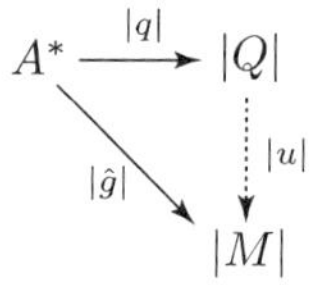

を可換にするものがただ一つ存在する．$F(A)$ の自由モノイドとしての性質から得られる可換図式と合わせれば，**Mon** の射 $Q\xrightarrow{u}M$ とは

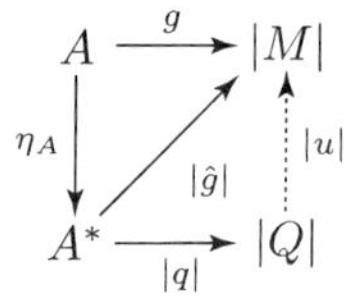

を可換にするただ一つの射だ．したがって，Q は自由可換モノイド，あるいは自由量系ということがわかった．次回からはいよいよテンソル積を定義していこう．

---

*11 第7話第2節参照.

1．2重線型写像

S：前回までで，与えられた集合上の自由可換モノイド，あるいは我々の用語法でいえば自由量系を定めることができた．自由モノイドのときと同じく，この対応は集合圏 **Set** から量系の圏 **Qua** への関手を定める．この関手を同じく自由関手と呼んで，F^Q と書くことにしよう．また，量系に対してその台集合を対応させる関手の方も忘却関手と呼んで，U^Q と書くことにする．同じことの繰り返しになるから詳細は省くが，F^Q と U^Q とは随伴関係を構成する．

N：というか，そもそも「自由性」という普遍性自体が，忘却関手との随伴関係を構成するようなものとして記述されていたのだったな．

S：忘却関手を主役に据えて考えれば正にそういうことだ．「忘却」というのは何らかの構造を忘れて要素だけを捉えるという操作だが，モノイドや量系の場合だと，逆に集合から始めてうまく「自由」な対象を作れるということがわかったということだ．もちろんどんな構造でも良い訳ではないのだが，ではどういった構造なら良いのか，という方向に問題を一般化できる．この問いに対しては，今のところ「**Set** への忠実関手が存在する」ような圏であれば，それと随伴関係にある「自由関手」を考えることができるとわかっているようだ．**Mon** と同じように，射の同じさを集合間の写像レベルで識別できるような圏ということだ[*1]．こういった圏は，そこから **Set** への忠実関手と組にして**具体圏**と呼ばれている．

N：集合から離れすぎていない圏，という感じだな．

S：そうだ．このあたりも掘り下げればいろいろ面白いトピックがあるのだが，話を戻してテンソル積について考えていこう．そもそもの発端を振り返るが，まず，量系 X から Y への射の集合 $\mathrm{Hom}_{\mathbf{Qua}}(X,Y)$ に，いわゆる「点ごとの演算」を入れることでこれを量系とみなせる[*2]．**Set** では射の集合は冪と同一視できて，積と冪との間の随伴関係を構築できたのだから，**Qua** でも同様のものを作ろうという話だった．

N：それがテンソル積なんだな．

S：そう．話の進め方は Harold Simmons の "The tensor product of commutative monoids" で非常に見通し良くまとめられているから，これを大いに参考にしよう．まずは量系の圏における射の集合についてもう少し詳しく調べていく． $\mathrm{Hom}_{\mathbf{Qua}}(X,Y)$ に点ごとの演算を入れて得られる量系を $(X\Rightarrow Y)$ と書くことにする．**Set** では，積と冪との間の随伴関係によって，集合 A,B,C の間に

$$\mathrm{Hom}_{\mathbf{Set}}(A,\mathrm{Hom}_{\mathbf{Set}}(B,C))\cong\mathrm{Hom}_{\mathbf{Set}}(A\times B,C) \qquad (11.1)$$

という関係があった．だからここでは，量系 A,B,C に対して，

---

*1　第6話の定理1.

*2　単行本第2巻第7話の第1節参照.

左辺に相当する射の集合 $\mathrm{Hom}_{\mathrm{Qua}}(A,(B\Rightarrow C))$ がどのような集合かを考えていくことにする．とっかかりとなるのは，忘却関手 U^Q の忠実性，つまり対応

$$\mathrm{Hom}_{\mathrm{Qua}}(X,Y)\ni f\longmapsto|f|\in\mathrm{Hom}_{\mathrm{Set}}(|X|,|Y|)$$

が単射だということだ．この対応を $\iota_{X,Y}$ とでもしておこう．

N：つまり $\iota_{X,Y}$ は $\mathrm{Hom}_{\mathrm{Set}}(|X|,|Y|)$ の部分ということだな．そもそもモノイド準同型というものはモノイド準同型性をみたす写像だったから，当たり前といえば当たり前だが，圏論的集合論の観点からちゃんと言えたわけだ．この関係に従えば，まず単射

$$\mathrm{Hom}_{\mathrm{Qua}}(A,(B\Rightarrow C))\longrightarrow\mathrm{Hom}_{\mathrm{Set}}(|A|,\mathrm{Hom}_{\mathrm{Qua}}(B,C))$$

が得られる．$|A|$ から $\mathrm{Hom}_{\mathrm{Qua}}(B,C)$ への写像 φ に $\iota_{B,C}$ を合成すると，$|A|$ から $\mathrm{Hom}_{\mathrm{Set}}(|B|,|C|)$ への写像 $\iota_{B,C}\circ\varphi$ が得られる．$\iota_{B,C}$ が単射だからこの対応も単射で，まとめて得られる

$$\mathrm{Hom}_{\mathrm{Qua}}(A,(B\Rightarrow C))\longrightarrow\mathrm{Hom}_{\mathrm{Set}}(|A|,\mathrm{Hom}_{\mathrm{Set}}(|B|,|C|))$$

も単射だ．

S：余域は $\mathrm{Hom}_{\mathrm{Set}}(|A|\times|B|,|C|)$ と同型だから，これで（11.1）との違いがはっきりわかるだろう．**Set** の場合は，2変数写像全体と同型になるけれど，**Qua** の場合は，一般には単にその部分となるだけということだ．言い換えれば $\mathrm{Hom}_{\mathrm{Qua}}(A,(B\Rightarrow C))$ の要素は特殊な2変数写像とみなせるということだが，このことは次の「2重線型写像」という概念と繋がる．

定義1　モノイド M_1,M_2,N について，二項演算を $*_{M_1},*_{M_2},*_N$，単位元を u_{M_1},u_{M_2},u_N で表す．写像 $|M_1|\times|M_2|\xrightarrow{f}|N|$ で

$$f\circ\begin{pmatrix} m_1 *_{M_1} m_1' \\ m_2 \end{pmatrix} = f\circ\begin{pmatrix} m_1 \\ m_2 \end{pmatrix} *_N f\circ\begin{pmatrix} m_1' \\ m_2 \end{pmatrix} \qquad m_1,\ m_1' \in M_1, m_2 \in M_2 \tag{11.2}$$

$$f\circ\begin{pmatrix} m_1 \\ m_2 *_{M_2} m_2' \end{pmatrix} = f\circ\begin{pmatrix} m_1 \\ m_2 \end{pmatrix} *_N f\circ\begin{pmatrix} m_1 \\ m_2' \end{pmatrix} \qquad m_1 \in M_1,\ m_2' \in M_2 \tag{11.3}$$

$$f\circ\begin{pmatrix} u_{M_1} \\ m_2 \end{pmatrix} = u_N \qquad m_2 \in M_2 \tag{11.4}$$

$$f\circ\begin{pmatrix} m_1 \\ u_{M_2} \end{pmatrix} = u_N \qquad m_1 \in M_1 \tag{11.5}$$

をみたすものを**2重線型写像**と呼び，このようなもの全体を $\mathrm{ML}(M_1, M_2; N)$ と書く．

N：ほう，なるほど．ややこしい条件をみたすややこしい写像を考えて，ややこしい話をしようというのか．

S：まあ落ち着いて条件を見直してくれ．そんなにややこしい話ではない．条件は 4 つあるが，(11.2) と (11.4)，(11.3) と (11.5) がそれぞれペアになっている．前者については M_2 の要素を固定した上での条件とみなせば，これは単に f のモノイド準同型を述べているにすぎない．

N：全体として，一方の引数を固定すると，もう一方の引数についてモノイド準同型の条件をみたしているということなんだな．

S：それで「2 重」と呼んでいる．最も簡単な例は「掛け算」だろうな．定義に出てくるモノイドすべてが自然数全体から成るモノイド $\langle \mathbb{N}, +, 0\rangle$ だとしよう．そして写像 $\mathbb{N}\times\mathbb{N} \xrightarrow{f} \mathbb{N}$ として自然数同士の積を考えると，(11.2)，(11.3) は和と積との間の分配法則，(11.4)，(11.5) は「0 との積は 0」ということを意味している．

N：数同士の掛け算が持つ性質を抽出して，「掛け算らしいもの」を考えているという風に考えれば良いわけか．

S：ところで数同士の掛け算も２重線型写像も，一方を固定したときの「線型性」が重要な性質となっているが，このように「2変数写像の一方の値を固定して１変数写像とみなす」方法は，正に積と冪との随伴関係，言葉を変えればカリー化，アンカリー化そのものだ．

N：確かに，量系 A,B,C をとって $\mathrm{Hom}_{\mathrm{Qua}}(A,(B\Rightarrow C))$ の要素 f について考えると，$a\in|A|$ のうつった先 $|f|\circ a$ は B から C へのモノイド準同型で，主張していることは変わらないな．

S：そう．だから当然 $\mathrm{Hom}_{\mathrm{Qua}}(A,(B\Rightarrow C))$ と $\mathrm{ML}(A,B;C)$ とは同型のはずだ．対応については，先程も触れた通りカリー化，アンカリー化を考えれば良い．$f\in\mathrm{Hom}_{\mathrm{Qua}}(A,(B\Rightarrow C))$，$g\in\mathrm{ML}(A,B;C)$ に対して $\check{f},\hat{g}$ を

$$\check{f}\circ\begin{pmatrix}a\\b\end{pmatrix}=||f|\circ a|\circ b \qquad a\in|A|,\ b\in|B| \tag{11.6}$$

$$||\hat{g}|\circ a|\circ b=g\circ\begin{pmatrix}a\\b\end{pmatrix} \qquad a\in|A|,\ b\in|B| \tag{11.7}$$

で定義しよう．示したいことは

- $\check{f}\in\mathrm{ML}(A,B;C)$
- $\hat{g}\in\mathrm{Hom}_{\mathrm{Qua}}(A,(B\Rightarrow C))$
- $\hat{\check{f}}=f,\ \check{\hat{g}}=g$

だ．A,B,C の二項演算を $+_A,+_B,+_C$，単位元を $0_A,0_B,0_C$ としよう．さらに $(B\Rightarrow C)$ の二項演算を $+$，単位元を z とする．念のために言っておくと，$|z|$ は B のすべての要素を 0_C にうつす写像だ．

N：$\check{f}\in \mathrm{ML}(A,B;C)$ であることについては，まず一つ目の引数について確かめると，$a,a'\in|A|$, $b\in|B|$ に対して

$$\begin{aligned}\check{f}\circ\begin{pmatrix}a+_A a'\\ b\end{pmatrix}&=||f|\circ(a+_A a')|\circ b\\&=|(|f|\circ a)+(|f|\circ a')|\circ b\\&=||f|\circ a|\circ b+_B||f|\circ a'|\circ b\\&=\check{f}\circ\begin{pmatrix}a\\ b\end{pmatrix}+_B\check{f}\circ\begin{pmatrix}a'\\ b\end{pmatrix}\end{aligned}$$

で，$b\in|B|$ に対して

$$\check{f}\circ\begin{pmatrix}0_A\\ b\end{pmatrix}=||f|\circ 0_A|\circ b=|z|\circ b=0_B$$

だから問題ない．二つ目の引数についての条件は，各 $a\in|A|$ に対して $|f|\circ a$ がモノイド準同型であることからみたされている．

S：$\hat{g}\in \mathrm{Hom}_{\mathrm{Qua}}(A,(B\Rightarrow C))$ であることについても確かめることは同じだ．(11.3)，(11.5) から，各 $a\in|A|$ に対して $|\hat{g}|\circ a$ は B から C へのモノイド準同型だ．そして (11.2) から，$a,a'\in|A|$, $b\in|B|$ に対して

$$\begin{aligned}||\hat{g}|\circ(a+_A a')|\circ b&=g\circ\begin{pmatrix}a+_A a'\\ b\end{pmatrix}\\&=g\circ\begin{pmatrix}a\\ b\end{pmatrix}+_C g\circ\begin{pmatrix}a'\\ b\end{pmatrix}\\&=||\hat{g}|\circ a|\circ b+_C||\hat{g}|\circ a'|\circ b\\&=|(|\hat{g}|\circ a)+(|\hat{g}|\circ a')|\circ b\end{aligned}$$

だから，well-pointed 性および忘却関手の忠実性によって

$$|\hat{g}|\circ(a+_A a')=(|\hat{g}|\circ a)+(|\hat{g}|\circ a')$$

がいえる．同様にして (11.4) からは単位元の対応がわかる．あとはこのカリー化，アンカリー化が互いの逆になっていることに

ついてだが，これは定義からほとんど明らかだろう．$\hat{\check{f}}$ については $a \in |A|$，$b \in |B|$ に対して

$$||\hat{\check{f}}| \circ a| = \check{f} \circ \binom{a}{b} = ||f| \circ a| \circ b$$

だから，well-pointed 性および忘却関手の忠実性によって

$$|\hat{\check{f}}| \circ a = |f| \circ a$$

がいえる．そして再び well-pointed 性および忘却関手の忠実性によって $\hat{\check{f}} = f$ だ．一方 $\check{\hat{g}}$ については $a \in |A|$，$b \in |B|$ に対して

$$\check{\hat{g}} \circ \binom{a}{b} = ||\hat{g}| \circ a| \circ b = g \circ \binom{a}{b}$$

だから，well-pointed 性によって $\check{\hat{g}} = g$ がいえる．ということで

補題 2　量系 A, B, C に対して

$$\mathrm{Hom}_{\mathrm{Qua}}(A, (B \Rightarrow C)) \cong \mathrm{ML}(A, B; C)$$

である．

ことがわかった．

2. テンソル積

N：これで最初に君が言っていた，**Set** では $\mathrm{Hom}_{\mathrm{Set}}(A, \mathrm{Hom}_{\mathrm{Set}}(B, C))$ は 2 変数写像全体 $\mathrm{Hom}_{\mathrm{Set}}(A \times B, C)$ と同型になるけれど，**Qua** での対応物 $\mathrm{Hom}_{\mathrm{Qua}}(A, (B \Rightarrow C))$ は 2 変数写像全体 $\mathrm{Hom}_{\mathrm{Set}}(|A| \times |B|, |C|)$ ではなく，そのうち 2 重線型性をみたすもの全体 $\mathrm{ML}(A, B; C)$ と

同型になるということが確認できたな．

S：集合として小さくなってしまうのは，単なる写像ではなくモノイド準同型性をみたすものという制約がついているのだから当然のことではある．ところで，自由と忘却との間の随伴関係を2変数写像全体 $\mathrm{Hom}_{\mathrm{Set}}(|A|\times|B|,|C|)$ に適用すると，

$$\mathrm{Hom}_{\mathrm{Set}}(|A|\times|B|,|C|)\cong\mathrm{Hom}_{\mathrm{Qua}}(F^Q(|A|\times|B|),C)$$

が得られる．左辺のうち2重線型性をみたすものが $\mathrm{Hom}_{\mathrm{Qua}}(A,(B\Rightarrow C))$ と同型なのだから，右辺でも同様のことを考えればうまくいきそうなもので，実際それでうまくいく．

N：ふうん，何を言っているのかまったくわからないなあ．

S：つまり，右辺では $|A|\times|B|$ 上の自由量系 $F^Q(|A|\times|B|)$ から C へのモノイド準同型全体が現れているけれど，2重線型性に基づいたうまい同一視の方法を導入しようということだ．そしてこれは $F^Q(|A|\times|B|)$ に関係式を入れることで達成できるのだが，まあ実際にやってみた方がはやいだろう．鍵となるのは2重線型性の4条件，(11.2) から (11.5) だ．まずは表記の問題を整理しておく．$F^Q(|A|\times|B|)$ の二項演算を $+_Q$，単位元を 0_Q とする．また，表記が煩雑になるのを避けるため，「テンソル積」を定義するまでは，随伴関係の単位の $|A|\times|B|$ 成分 $|A|\times|B|\xrightarrow{\eta^Q_{|A|\times|B|}}|F^Q(|A|\times|B|)|$ によって $|A|\times|B|$ の要素 $\begin{pmatrix}a\\b\end{pmatrix}$ をこの集合上の自由量系の台集合 $|F^Q(|A|\times|B|)|$ の要素と同一視して，そのまま $\begin{pmatrix}a\\b\end{pmatrix}$ と書くことにする．さらに $|A|\times|A|$ や $|B|\times|B|$ なんかは数の冪のようにそれぞれ $|A|^2$, $|B|^2$ と表そう．この上で，たとえば (11.2) に対応する

ものとしては $\begin{pmatrix} a +_A a' \\ b \end{pmatrix}$ と $\begin{pmatrix} a \\ b \end{pmatrix} +_Q \begin{pmatrix} a' \\ b \end{pmatrix}$ とを同一視するような二項関係がほしい．そこで $|A|^2\times|B|$ から $|F^Q(|A|\times|B|)|$ への写像で，$\begin{pmatrix} \begin{pmatrix} a \\ a' \end{pmatrix} \\ b \end{pmatrix} \in |A|^2\times|B|$ を $\begin{pmatrix} a +_A a' \\ b \end{pmatrix}$ にうつすものを l_1，$\begin{pmatrix} a \\ b \end{pmatrix} +_Q \begin{pmatrix} a' \\ b \end{pmatrix}$ にうつすものを r_1 とする．l は左辺，r は右辺を表すもので，添え字は条件の番号だ．ところで圏論的に，より要素に依らない記述にしたければ，l_1 とは

$$\begin{array}{ccc} |A|^2\times|B| & \overset{l_1}{\cdots\cdots\cdots} & |F^Q(|A|\times|B|)| \\ & {\scriptstyle +_A\times 1_{|B|}}\searrow \qquad \nearrow{\scriptstyle \eta^Q_{|A|\times|B|}} & \\ & |A|\times|B| & \end{array}$$

で，r_1 とは

$$\begin{array}{ccccc} |A|^2\times|B| & \xrightarrow{1_{|A|^2}\times\Delta_{|B|}} & |A|^2\times|B|^2 & \xrightarrow{\cong} & (|A|\times|B|)^2 \\ {\scriptstyle r_1}\vdots & & & & \downarrow{\scriptstyle \eta^Q_{|A|\times|B|}\times\eta^Q_{|A|\times|B|}} \\ |F^Q(|A|\times|B|)| & & \xleftarrow{\quad +_Q \quad} & & \left(|F^Q(|A|\times|B|)|\right)^2 \end{array}$$

のことだ．

N：そんな風にわけのわからない図式を描いてばかりいるから，カテゴリストはわけのわからないやつだと正確に理解されてしまうんだぞ．まあ (11.2) がこれでいけるのなら，(11.3) に対応する写像 l_2, r_2 も同様に定義できるな．こちらは $|A|\times|B|^2$ から $|F^Q(|A|\times|B|)|$ への写像か．(11.4) の対応物としては，$b\in|B|$ を $\begin{pmatrix} 0_A \\ b \end{pmatrix}$ にうつす写像を l_3，0_Q にうつす写像を r_3 とすれば良くて，(11.5) の対応物 l_4，r_4 も $|A|$ を域とする写像として同様に定まる．

S：次に自由性によって，これら 8 つの写像 l_i, r_i に対応する，そ

れぞれの域の上の自由量系から $F^Q(|A|\times|B|)$ へのモノイド準同型 $\hat{l}_i$, $\hat{r}_i$ を得る．そして余積を考え，$\hat{l}=(\hat{l}_1,\hat{l}_2,\hat{l}_3,\hat{l}_4)$, $\hat{r}=(\hat{r}_1,\hat{r}_2,\hat{r}_3,\hat{r}_4)$ とおく：

$$F^Q(|A|^2\times|B|)+F^Q(|A|\times|B|^2)$$
$$+F^Q(|B|)+F^Q(|A|)\overset{\hat{l}}{\underset{\hat{r}}{\rightrightarrows}}F^Q(|A|\times|B|)$$

さらに $\hat{l},\hat{r}$ の余解（コイコライザ）を $F^Q(|A|\times|B|)\xrightarrow{q}A\otimes B$ とおき，$A\otimes B$ を量系 A,B の**テンソル積**と呼ぶ．

N：なんともアクロバティックというかおぞましいというか．それぞれの写像からモノイド準同型を作るところまでは良いとして，余積はなんのために使っているんだ？

S：これは最終ステップの余解（コイコライザ）と合わせて，条件全てを連立させるための手段だ．$q\circ\hat{l}=q\circ\hat{r}$ というのは，1から4の各 i に対して $q\circ\hat{l}_i=q\circ\hat{r}_i$ であることと同じだからな．また特に，随伴の単位の対応する成分を右から合成することで $q\circ l_i=q\circ r_i$ も成り立つ．

N：各々の条件を集合上で書いて，それを自由量系上の条件に拡張し，連立させて余解（コイコライザ）をとるという流れか．

S：実際どんなものが得られたかを見た方が良いだろう．$a\in|A|$, $b\in|B|$ に対して $a\otimes b:=q\circ\eta^Q_{|A|\times|B|}\circ\begin{pmatrix}a\\b\end{pmatrix}$ と書くことにする．また $A\otimes B$ の二項演算を $+$，単位元を 0 とする．さてこの記法の下で，$q\circ l_1=q\circ r_1$ からは $a,a'\in|A|$, $b\in|B|$ に対して

$$
\begin{aligned}
(a +_A a') \otimes b &= q \circ \eta^Q_{|A| \times |B|} \circ \begin{pmatrix} a +_A a' \\ b \end{pmatrix} \\
&= q \circ l_1 \circ \begin{pmatrix} \binom{a}{a'} \\ b \end{pmatrix} \\
&= q \circ r_1 \circ \begin{pmatrix} \binom{a}{a'} \\ b \end{pmatrix} \\
&= q \circ \left(\eta^Q_{|A| \times |B|} \circ \begin{pmatrix} a \\ b \end{pmatrix} +_Q \eta^Q_{|A| \times |B|} \circ \begin{pmatrix} a' \\ b \end{pmatrix} \right) \\
&= q \circ \eta^Q_{|A| \times |B|} \circ \begin{pmatrix} a \\ b \end{pmatrix} + q \circ \eta^Q_{|A| \times |B|} \circ \begin{pmatrix} a' \\ b \end{pmatrix} \\
&= a \otimes b + a' \otimes b
\end{aligned}
$$

であることが従う.

N: なるほど, 2 重線型性がそのまま出てきている感じだな. $q \circ l_2 = q \circ r_2$ は同じ展開だから良いとして, $q \circ l_3 = q \circ r_3$ からは, $b \in |B|$ に対して

$$
0_A \otimes b = q \circ \eta^Q_{|A| \times |B|} \circ \begin{pmatrix} 0_A \\ b \end{pmatrix} = q \circ l_3 \circ b = q \circ l_4 \circ b = q \circ 0_q = 0
$$

が成り立つことがわかる.

S: $q \circ l_4 = q \circ r_4$ から得られるものも同様だから, すべてまとめると

補題 3　量系 A, B のテンソル積 $A \otimes B$ の要素について

$$
(a +_A a') \otimes b = a \otimes b + a' \otimes b \qquad a, a' \in |A|,\ b \in |B| \tag{11.8}
$$

$$
a \otimes (b +_B b') = a \otimes b + a \otimes b' \qquad a \in |A|, b, b' \in |B| \tag{11.9}
$$

$$
0_A \otimes b = 0 \qquad b \in |B| \tag{11.10}
$$

$$
a \otimes 0_B = 0 \qquad a \in |A| \tag{11.11}
$$

が成り立つ.

ということで, いかにも「掛け算」という関係式が得られる.

N: だが「掛け算」という意味では, 2 重線型写像自体がそもそもそ

のようなものだったじゃないか.

S：もちろんその通りだ．だがテンソル積は余解(コイコライザ)として定められたことからわかる通り，そういった「掛け算」的な概念の中で普遍性を持つものなんだ．そしてこの事実こそが，我々が追い求める射の対応 $\mathrm{Hom}_{\mathrm{Qua}}(A,(B \Rightarrow C)) \cong \mathrm{Hom}_{\mathrm{Qua}}(A \otimes B, C)$ の根拠となっている．次回はこの部分について切り込んでいこう．

1. テンソル積の普遍性

S：前回は「掛け算」らしさを抽出した「2 重線型写像」という概念を定義した．そしてさらに，自由量系に，2 重線型写像で要請される関係式のみを課したものとして「テンソル積」を定義した．

N：余解（コイコライザ）によって定めたから普遍性を持つとか言っていたな．要は掛け算らしいものたちの中で特別なものということだな．

S：まずはこのことを示そう．量系 A, B, C に対して，$|A|\times|B|$ から $|C|$ への 2 重線型写像 $f\in \mathrm{ML}(A,B;C)$ を考える．自由性によって，モノイド準同型 $F^Q(|A|\times|B|)\xrightarrow{\hat{f}}C$ で

$$
\begin{array}{ccc}
|A|\times|B| & \xrightarrow{\quad f\quad} & |C| \\
 & \searrow^{\eta^Q_{|A|\times|B|}} & \uparrow{\scriptstyle |\hat{f}|} \\
 & & |F^Q(|A|\times|B|)|
\end{array}
$$

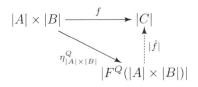

を可換にするものが一意に存在する．それでこれが，前回の記号を用いて，$\hat{f}\circ\hat{l}=\hat{f}\circ\hat{r}$ をみたすことを示したい．

N：A, B のテンソル積 $A\otimes B$ は，$\hat{l}, \hat{r}$ の余解（コイコライザ） $F^Q(|A|\times|B|)\xrightarrow{q}A\otimes B$ として定められたから，$\hat{f}\circ\hat{l}=\hat{f}\circ\hat{r}$ がいえれば，$A\otimes B\xrightarrow{\tilde{f}}C$ で

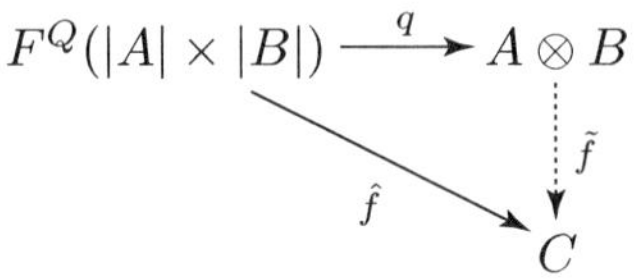

を可換にするものが一意に存在することがいえるな.

S：そうだ．それで肝心の $\hat{f} \circ \hat{l} = \hat{f} \circ \hat{r}$ についてだが，そもそも $\hat{l}, \hat{r}$ が 2 重線型性の条件を基にして定められたものなのだから当然成り立つ．確かめるためには各 $i = 1, 2, 3, 4$ に対して $\hat{f} \circ \hat{l}_i = \hat{f} \circ \hat{r}_i$ であることを確認すれば良い．$i = 1$ の場合だけ確認しておこう．このためにはまず $|\hat{f}| \circ \hat{l}_1 = |\hat{f}| \circ \hat{r}_1$ がわかれば良いが，要素に対する作用を考えれば，これはもう本当に 2 重線型性の条件そのものだ.

N：任意の $a_1 \in a_2 \in |A|$ および $b \in |B|$ に対して，$|\hat{f}| \circ l_1$ の作用は

$$
\begin{aligned}
|\hat{f}| \circ l_1 \circ \begin{pmatrix} \binom{a_1}{a_2} \\ b \end{pmatrix} &= |\hat{f}| \circ \eta^Q_{|A| \times |B|} \circ \begin{pmatrix} a_1 +_A a_2 \\ n \end{pmatrix} \\
&= f \circ \begin{pmatrix} a_1 +_A a_2 \\ b \end{pmatrix} \\
&= f \circ \begin{pmatrix} a_1 \\ b \end{pmatrix} +_C f \circ \begin{pmatrix} a_2 \\ b \end{pmatrix}
\end{aligned}
$$

で，一方 $|\hat{f}| \circ r_1$ については

$$
\begin{aligned}
|\hat{f}| \circ r_1 \circ \begin{pmatrix} \binom{a_1}{a_2} \\ b \end{pmatrix} &= |\hat{f}| \circ \left(\eta^Q_{|A| \times |B|} \circ \begin{pmatrix} a_1 \\ b \end{pmatrix} +_Q \eta^Q_{|A| \times |B|} \circ \begin{pmatrix} a_2 \\ b \end{pmatrix} \right) \\
&= |\hat{f}| \circ \eta^Q_{|A| \times |B|} \circ \begin{pmatrix} a_1 \\ b \end{pmatrix} +_C |\hat{f}| \circ \eta^Q_{|A| \times |B|} \circ \begin{pmatrix} a_2 \\ b \end{pmatrix} \\
&= f \circ \begin{pmatrix} a_1 \\ b \end{pmatrix} +_C f \circ \begin{pmatrix} a_2 \\ b \end{pmatrix}
\end{aligned}
$$

だから，well-pointed 性によって $|\hat{f}| \circ l_1 = |\hat{f}| \circ r_1$ だ.

S：あとは自由性を使えば良い．$x = |\hat{f}| \circ l_1 = |\hat{f}| \circ r_1$ とでもおけば，$F^Q(|A|^2 \times |B|) \xrightarrow{\hat{x}} C$ で

$$\begin{array}{ccc} |A|^2\times|B| & \xrightarrow{\quad x \quad} & |C| \\ & \searrow^{\eta^Q_{|A|^2\times|B|}} & \uparrow{\scriptstyle |\hat{x}|} \\ & & F^Q(|A|^2\times|B|) \end{array}$$

を可換にするものが一意に存在する．$\hat{l}_1, \hat{r}_1$ の定義により，$\hat{x}$ として $\hat{f}\circ\hat{l}_1, \hat{f}\circ\hat{r}_1$ のどちらを考えてもこの図式は可換になるから $\hat{x}=\hat{f}\circ\hat{l}_1=\hat{f}\circ\hat{r}_1$ だ．同様にして残りの $i=2,3,4$ の場合でも $\hat{f}\circ\hat{l}_i=\hat{f}\circ\hat{r}_i$ がいえるから，まとめて $\hat{f}\circ\hat{l}=\hat{f}\circ\hat{r}$ が成り立つ．そして先程君が言った通り，余解（コイコライザ）の普遍性から $A\otimes B\xrightarrow{\tilde{f}}C$ の存在がいえるわけだ．合成 $|A|\times|B|\xrightarrow{\eta^Q_{|A|\times|B|}}|F^Q(|A|\times|B|)|\xrightarrow{q}|A\otimes B|$ を $\iota^{\otimes}_{A,B}$ とおけば，次のようなテンソル積の普遍性が示せたことになる：

> **定理 1**　A,B,C は量系とする．任意の $f\in \mathrm{ML}(A,B;C)$ に対して，$A\otimes B\xrightarrow{\tilde{f}}C$ で
>
> $$\begin{array}{ccc} |A|\times|B| & \xrightarrow{\quad f \quad} & |C| \\ & \searrow^{\iota^{\otimes}_{A,B}} & \uparrow{\scriptstyle \tilde{f}} \\ & & |A\otimes B| \end{array}$$
>
> を可換にするものが一意に存在する．

N：掛け算らしいもの f に対して，掛け算らしさの本質 $\iota^{\otimes}_{A,B}$ とその他の部分 $\tilde{f}$ とに分解しているわけか．

S：そうだな．どんな 2 重線型写像を考えても，$\iota^{\otimes}_{A,B}$ の部分は必ず出てきて，残りの $A\otimes B\longrightarrow C$ がそれぞれの個性を定めているといえる．共通する要素の括り出しということで，いわば「因数分解」のようなものと考えても良いかもしれない．ちなみに

前回補題3として $a\otimes b\in|A\otimes B|$ の持つ2重線型性を示したが，これは $\iota^{\otimes}_{A,B}\in\mathrm{ML}(A,B;A\otimes B)$ だということに他ならない．さて「テンソル積の普遍性」自体の話はここで一段落なのだが，我々の求めるものはもう少し先にある．今度は逆にテンソル積を域とするモノイド準同型 $A\otimes B\xrightarrow{g}C$ から始めて，合成 $|A|\times|B|\xrightarrow{\iota^{\otimes}_{A,B}}|A\otimes B|\xrightarrow{|g|}|C|$ を $\overline{g}$ とおく．すると $\overline{g}$ は2重線型写像となる．

N： $a\in|A|,\ b\in|B|$ に対して $a\otimes b=q\circ\eta^{Q}_{|A|\times|B|}\circ\begin{pmatrix}a\\b\end{pmatrix}=\iota^{\otimes}_{A,B}\circ\begin{pmatrix}a\\b\end{pmatrix}$ とおいていたから，たとえば2重線型性の1つ目の条件は，$a,a'\in|A|,\ b\in|B|$ に対して

$$\begin{aligned}\overline{g}\circ\begin{pmatrix}a+_A a'\\b\end{pmatrix}&=g\circ((a+_A a')\otimes b)\\&=g\circ(a\otimes b+a'\otimes b)\\&=g\circ(a\otimes b)+_C g\circ(a'\otimes b)\\&=\overline{g}\circ\begin{pmatrix}a\\b\end{pmatrix}+_C\overline{g}\circ\begin{pmatrix}a'\\b\end{pmatrix}\end{aligned}$$

となることから成り立つことがわかる．他の3つの条件も同じだな．要は，$\iota^{\otimes}_{A,B}\in\mathrm{ML}(A,B;A\otimes B)$ であることと $A\otimes B\xrightarrow{g}C$ がモノイド準同型であることとを合わせれば良い．

S：この $\overline{g}\in\mathrm{ML}(A,B;C)$ に対して，テンソル積の普遍性によって得られる $A\otimes B\xrightarrow{\tilde{\overline{g}}}C$ は g に等しい．というのも，定義からすぐわかるだろうが，$\tilde{\overline{g}}$ とは $\overline{g}=\tilde{\overline{g}}\circ\iota^{\otimes}_{A,B}$ なる一意な射で，$\overline{g}$ の定め方から $\tilde{\overline{g}}=g$ となるからだ．

N：逆に $f\in\mathrm{ML}(A,B;C)$ に対して，テンソル積の普遍性から得られる $A\otimes B\xrightarrow{\tilde{f}}C$ について，$\overline{\tilde{f}}$ を考えると $\overline{\tilde{f}}=|\tilde{f}|\circ\iota^{\otimes}_{A,B}=f$ だ．

S：つまり，2重線型写像 $f\in\mathrm{ML}(A,B;C)$ からテンソル積の普遍

性によってモノイド準同型 $\tilde{f} \in \mathrm{Hom}_{\mathrm{Qua}}(A \otimes B, C)$ を得る操作と，逆に $g \in \mathrm{Hom}_{\mathrm{Qua}}(A \otimes B, C)$ から $\iota^{\otimes}_{A,B}$ を合成することによって $\overline{g} \in \mathrm{ML}(A, B\,; C)$ を得る操作とが互いに逆の関係にあるということだ．

補題 2　量系 A, B, C に対して

$$\mathrm{ML}(A, B\,; C) \cong \mathrm{Hom}_{\mathrm{Qua}}(A \otimes B, C)$$

である．

前回，$\mathrm{Hom}_{\mathrm{Qua}}(A, (B \Rightarrow C)) \cong \mathrm{ML}(A, B\,; C)$ であることを示していたから，合わせると次のことがわかる：

定理 3　量系 A, B, C に対して

$$\mathrm{Hom}_{\mathrm{Qua}}(A, (B \Rightarrow C)) \cong \mathrm{ML}(A, B\,; C) \cong \mathrm{Hom}_{\mathrm{Qua}}(A \otimes B, C)$$

である．

特に $F_B(A) = A \otimes B$, $G_B(C) = (B \Rightarrow C)$ として対象間の対応を定めると，この定理の主張は **Qua** における射 $F_B(A) \longrightarrow C$ と射 $A \longrightarrow G_B(C)$ との間の一対一の対応を意味していて，どこからどう見ても裏に随伴関係があることが読み取れるだろう．

2.　F_B, G_B の関手性

N：なるほど，これでようやく **Set** における積と冪との間の随伴関係に対応するものが得られたわけか．

S：いや，まだ得られていないぞ．単にそのようなものがありそうだとの感触が得られたにすぎない．

N：だが藤原敏行は「秋来ぬと 目にはさやかに 見えねども 風の音に

ぞ 驚かれぬる」と詠んだではないか．つまり，随伴関係の気配がするなら，それは随伴関係があるということだよ．

S：そんな理由で数学が回るわけないだろう．まずは対象間の対応 F_B, G_B について，射間の対応を定めることでこれらが関手となることを示そう．F_B についてはテンソル積の普遍性を用いれば良い．**Qua** の射 $X \xrightarrow{x} X'$ に対して **Set** の射 $|X|\times|B| \xrightarrow{|x|\times|1_B|} |X'|\times|B| \xrightarrow{\iota^{\otimes}_{X',B}} |X'\otimes B|$ は，x がモノイド準同型であること，そして $\iota^{\otimes}_{X',B}$ が2重線型写像であることから，2重線型写像だ．だから $X\otimes B \xrightarrow{u} X'\otimes B$ で

$$\begin{array}{ccc} |X|\times|B| & \xrightarrow{|x|\times|1_B|} & |X'|\times|B| \\ \downarrow{\scriptstyle \iota^{\otimes}_{X,B}} & & \downarrow{\scriptstyle \iota^{\otimes}_{X',B}} \\ |X\otimes B| & \xrightarrow[|u|]{} & |X'\otimes B| \end{array} \tag{12.1}$$

を可換にするものが一意に存在する．この u を $x\otimes 1_B$ と書いて，x から $x\otimes 1_B$ への対応を F_B の射についての対応だとすれば，F_B は **Qua** 上の自己関手となる．関手性，つまり恒等射の対応，合成射の対応はどちらもテンソル積の普遍性から従う．

N：$X \xrightarrow{x} X'$ が $X \xrightarrow{1_X} X$ の場合を考えると，$1_X\otimes 1_B$ でなく $1_{X\otimes B}$ を使っても

$$\begin{array}{ccc} |X|\times|B| & \xrightarrow{|1_X|\times|1_B|} & |X'|\times|B| \\ \downarrow{\scriptstyle \iota^{\otimes}_{X,B}} & & \downarrow{\scriptstyle \iota^{\otimes}_{X,B}} \\ |X\otimes B| & \xrightarrow[|1_{X\otimes B}|]{} & |X\otimes B| \end{array}$$

は可換になるから，$F_B(1_X) = 1_X\otimes 1_B = 1_{X\otimes B}$ だ．合成射の対応も同じだな．$X \xrightarrow{x} X'$，$X' \xrightarrow{x'} X''$ に対して成り立つ可換図式：

$$\begin{array}{ccccc} |X|\times|B| & \xrightarrow{|x|\times|1_B|} & |X'|\times|B| & \xrightarrow{|x'|\times|1_B|} & |X''|\times|B| \\ {\scriptstyle \imath^{\otimes}_{X,B}}\downarrow & & \downarrow{\scriptstyle \imath^{\otimes}_{X',B}} & & \downarrow{\scriptstyle \imath^{\otimes}_{X'',B}} \\ |X\otimes B| & \xrightarrow[|x\otimes 1_B|]{} & |X'\otimes B| & \xrightarrow[|x'\otimes 1_B|]{} & |X''\otimes B| \end{array}$$

と，合成射 $x'\circ x$ について成り立つ可換図式：

$$\begin{array}{ccc} |X|\times|B| & \xrightarrow{|x'\circ x|\times|1_B|} & |X''|\times|B| \\ {\scriptstyle \imath^{\otimes}_{X,B}}\downarrow & & \downarrow{\scriptstyle \imath^{\otimes}_{X'',B}} \\ |X\otimes B| & \xrightarrow[|(x'\circ x)\otimes 1_B|]{} & |X''\otimes B| \end{array}$$

とを比べれば良い．$|x'\circ x|\times|1_B|=(|x'|\times|1_B|)\circ(|x|\times|1_B|)$ だから，$(x'\otimes 1_B)\circ(x\otimes 1_B)$ もまた

$$\begin{array}{ccc} |X|\times|B| & \xrightarrow{|x'\circ x|\times|1_B|} & |X''|\times|B| \\ {\scriptstyle \imath^{\otimes}_{X,B}}\downarrow & & \downarrow{\scriptstyle \imath^{\otimes}_{X'',B}} \\ |X\otimes B| & \xrightarrow[|(x'\otimes 1_B)\circ(x\otimes 1_B)|]{} & |X''\otimes B| \end{array}$$

を可換にする．射の一意性によって

$$F_B(x'\circ x)=(x'\circ x)\otimes 1_B=(x'\otimes 1_B)\circ(x\otimes 1_B)=F_B(x')\circ F_B(x)$$

だ．

S：ちなみに（12.1）で $B\xrightarrow{1_B}B$ の代わりに一般の射 $Y\xrightarrow{y}Y'$ を考えることで，射のテンソル積 $X\otimes Y\xrightarrow{x\otimes y}X'\otimes Y'$ を定めることができる．$F_B(x)$ とは x と 1_B とのテンソル積だということだ．次に G_B についてだが，量系 X に対して $|G_B(X)|$ は B から X へのモノイド準同型全体の集合であることに注意してほしい．この上で，射 $X\xrightarrow{x}X'$ に対して $G_B(X)\xrightarrow{G_B(x)}G_B(X')$ を，$|G_B(x)|$ が B から X への射に対してあとから x を合成する作用を表すようなものとして定義しよう．つまり，$B\xrightarrow{\alpha}X$ に対して，$B\xrightarrow{\alpha}X\xrightarrow{x}X'$ を対応させるようなものとする．まず問題となるのが，こうして定義

された $|G_B(x)|$ がモノイド準同型の性質を持つがどうかだ．これには単位元が対応すること，二項演算が保たれることを確認すれば良い．$G_B(X)$, $G_B(X')$ の単位元を z, z' とし，二項演算についでは簡単のためどちらも $+$ としよう．$|G_B(x)|$ によって z は $x \circ z$ にうつるが，任意の $b \in |B|$ に対して

$$|x| \circ |z| \circ b = |x| \circ 0_X = 0_{X'} = |z'| \circ b$$

だから $x \circ z = z'$ で，単位元同士が対応している．

N：二項演算の保存については，$\alpha, \beta \in \mathrm{Hom}_{\mathbf{Qua}}(B, X)$ に対して $\alpha + \beta$ が $x \circ (\alpha + \beta)$ にうつる．要素に対する作用を見るために $b \in |B|$ を任意にとると

$$|x| \circ |\alpha + \beta| \circ b = |x| \circ (|\alpha| \circ b +_X |\beta| \circ b)$$

となることが $(B \Rightarrow X)$ における二項演算の定義から従う．x はモノイド準同型だから

$$|x| \circ (|\alpha| \circ b +_X |\beta| \circ b) = |x| \circ |\alpha| \circ b +_{X'} |x| \circ |\beta| \circ b$$

で，右辺はさらに

$$\begin{aligned} |x| \circ |\alpha| \circ b +_{X'} |x| \circ |\beta| \circ b &= |x \circ \alpha| \circ b +_{X'} |x \circ \beta| \circ b \\ &= |x \circ \alpha + x \circ \beta| \circ b \end{aligned}$$

と変形できるから，

$$x \circ (\alpha + \beta) = x \circ \alpha + x \circ \beta$$

がわかる．

S：これで $G_B(x)$ がモノイド準同型であることがわかった．つまり，G_B は **Qua** の対象を **Qua** の対象に，また **Qua** の射を **Qua** の射に対応させる．あとは関手性が成り立つかだけれど，射の対応が合成によって定義されているからこちらはほとんど自明だろう．

3. 随伴の単位，余単位

N: あとはいつもの流れで，単位，余単位，そしてそれらの間の三角等式だな．

S: まずは単位，余単位を定義するところから始めよう．厳密にいえば，それらの成分がどんな射であるかを定義するところから始めるわけだが．とはいえやることは決まっていて，定理3で述べられている $A\otimes B\longrightarrow C$ と $A\longrightarrow(B\Rightarrow C)$ との間の一対一の対応を，それぞれ恒等射に対して適用すれば良い．$A\otimes B\xrightarrow{1_{A\otimes B}}A\otimes B$ に対応する射を $A\xrightarrow{\eta_A}(B\Rightarrow A\otimes B)$，$(B\Rightarrow C)\xrightarrow{1_{(B\Rightarrow C)}}(B\Rightarrow C)$ に対応する射を $(B\Rightarrow C)\otimes B\xrightarrow{\varepsilon_C}C$ とおく．

N: **Set** での対応物を考えると，テンソル積は積，モノイド準同型から成る量系は冪に対応しているから，ε_C は評価の対応物か [*1]．写像と入力との組を受け取って，写像の出力を返すようなものだったな．

S: 実際，**Qua** においても同様のはたらきを持つ．定理3の一対一対応についてだが，$A\otimes B\xrightarrow{f}C$ と $A\xrightarrow{g}(B\Rightarrow C)$ との間の対応は次の関係式で定められる：

$$|f|\circ a\otimes b=||g|\circ a|\circ b,\ a\in|A|,\ b\in|B|$$

N: 前回の補題2，今回の補題2，それぞれでの対応をまとめたらこうなるな．となると ε_C は，$B\xrightarrow{\beta}C$, $b\in|B|$ に対して

$$|\varepsilon_C|\circ\beta\otimes b=||1_{(B\Rightarrow C)}|\circ\beta|\circ b=|\beta|\circ b$$

という作用を持つことになる．なるほど，**Set** では写像と入力との組を受け取っていたところがそのままモノイド準同型と入力との

*1 単行本第1巻第4話第3節参照.

テンソル積になったわけか.

S: 同様にして η_A についても調べると, $a \in |A|$, $b \in |B|$ に対して

$$||\eta_A| \circ a| \circ b = |1_{A \otimes B}| \circ a \otimes b = a \otimes b$$

となる. 言い換えれば, $a \in |A|$ を固定するごとに, $|\eta_A| \circ a$ は $b \in |B|$ を $a \otimes b \in |A \otimes B|$ にうつすようなモノイド準同型だということだ.

N: 定理3で間に立っている2重線型写像の立場からいえば, $a \in |A|$, $b \in |B|$ に対してそれらのテンソル積 $a \otimes b$ を返す写像だな.

S: 次回は η_A, ε_C たちが自然変換を定めること, そしてそれらの間に三角等式が成立することを示そう.

第13話

1. η, ε の自然性

S: さあ，いよいよ量系の圏 **Qua** におけるテンソル積に絡んだ随伴の話の締めくくりだ．前回までで **Set** における積冪の随伴関係の類似物が成立しそうだという話をしていたが，このことを確かめよう．もっとも，**Qua** において $A \otimes B \longrightarrow C$ と $A \longrightarrow (B \Rightarrow C)$ との間に一対一の対応があるという重要な部分はもう確認したから，あとは単位，余単位が自然変換であること，そして三角等式が成り立つことを確認していけば良い．

N: $A \otimes B \xrightarrow{1_{A\otimes B}} A \otimes B$ に対応する射を η_A, $(B \Rightarrow C) \xrightarrow{1_{(B\Rightarrow C)}} (B \Rightarrow C)$ に対応する射を ε_C としていたな．あとは $F_B(A) = A \otimes B$, $G_B(C) = (B \Rightarrow C)$ か．まずは η_A たちの方についてだが，要は任意の射 $A \xrightarrow{\alpha} A'$ に対して

$$\begin{array}{ccc} A & \xrightarrow{\eta_A} & (B \Rightarrow A \otimes B) \\ {\scriptstyle\alpha}\downarrow & & \downarrow{\scriptstyle G_B F_B(\alpha)} \\ A' & \xrightarrow[\eta_{A'}]{} & (B \Rightarrow A' \otimes B) \end{array} \tag{13.1}$$

が可換であることがわかれば良い．F_B の射に対する対応は射のテンソル積を作ること，G_B の方はあとから射を合成することだったから，$|G_B F_B(\alpha)|$ は $B \xrightarrow{x} A \otimes B$ を $B \xrightarrow{x} A \otimes B \xrightarrow{\alpha \otimes 1_B} A' \otimes B$ に対

応させる．

S：あとはη_Aのはたらきに注意して可換性を示せば良い．$a \in |A|$に対して$|\eta_A| \circ a$はBから$A \otimes B$へのモノイド準同型で，$b \in |B|$に対して

$$||\eta_A| \circ a| \circ b = a \otimes b \tag{13.2}$$

と振る舞うから，xとして$|\eta_A| \circ a$を考えれば

$$||G_B F_B(\alpha)| \circ (|\eta_A| \circ a)| \circ b = |\alpha \otimes 1_B| \circ a \otimes b = (|\alpha| \circ a) \otimes b$$

と計算できる．一方で，$\eta_{A'} \circ \alpha$について考えると

$$||\eta_{A'}| \circ (|\alpha| \circ a)| \circ b = (|\alpha| \circ a) \otimes b$$

だ．ということで（13.1）は可換で，η_Aたちは自然変換ηを定める．もう少し詳しく言うと，まずは任意の$b \in |B|$に対して一致していることから，well-pointed性によって**Set**における射$|B| \longrightarrow |A' \otimes B|$として同じものだということが言えて，ここから忘却関手の忠実性によって**Qua**の射$B \longrightarrow A' \otimes B$として同じものだと言える．このことが$a \in |A|$を定めるごとに成り立つから，もう一度同じ論法に従って，Aから$(B \Rightarrow A' \otimes B)$への射として同じものだと言えるわけだ．まとめると

> **補題1**　**Qua**の射$A \overset{f}{\underset{f'}{\rightrightarrows}} (B \Rightarrow C \otimes B)$に対し，任意の$a \in |A|, b \in |b|$について
>
> $$||f| \circ a| \circ b = ||f'| \circ a| \circ b$$
>
> ならば$f = f'$である．

ということだ．このこと自体はもっと単純に示すことができるんだが，先にε_Cたちの方について片付けておこう．こちらは任意の

射 $C \xrightarrow{\gamma} C'$ に対して

$$\begin{array}{ccc} (B \Rightarrow C) \otimes B & \xrightarrow{\varepsilon_C} & C \\ {\scriptstyle F_B G_B(\gamma)} \downarrow & & \downarrow {\scriptstyle \gamma} \\ (B \Rightarrow C') \otimes B & \xrightarrow[\varepsilon_{C'}]{} & C' \end{array} \tag{13.3}$$

が可換であることがわかれば良い．方針は η のときと同じで，$F_B G_B(\gamma)$ や ε_C のはたらきを確認するだけだ．

N：$F_B G_B(\gamma)$ は，γ を合成してからテンソル積をとるというものだから，要素の対応としては $B \xrightarrow{\varphi} C$, $b \in |B|$ に対して $\varphi \otimes b$ を $(\gamma \circ \varphi) \otimes b$ にうつす．ε_C は

$$|\varepsilon_C| \circ \varphi \otimes b = |\varphi| \circ b \tag{13.4}$$

というはたらきを持つものだから，$\gamma \circ \varepsilon_C$ の方は

$$|\gamma \circ \varepsilon_C| \circ \varphi \otimes b = |\gamma| \circ |\varphi| \circ b$$

だ．$\varepsilon_{C'} \circ F_B G_B(\gamma)$ の方は $|\varepsilon_{C'}| \circ (\gamma \circ \varphi) \otimes b$ を計算すれば良いけれど，これは $|\gamma| \circ |\varphi| \circ b$ となるから一致している．

S：これでめでたしめでたしと行きたいところだが，まだもう一手間かかる．我々は今，$|(B \Rightarrow C) \otimes B|$ の要素として $\varphi \otimes b$ という特殊な要素を持ってきて，この形の要素に対してのみ両者のはたらきが一致することを確認しただけだからな．このままでは今まで通り well-pointed 性に頼るわけにはいかない．

N：そうか残念だ，我々の探求もここで終わってしまったか．

S：もう一手間だと言っているだろうが．「一手間」というのは

補題2　**Qua** の射 $A \otimes B \underset{g'}{\overset{g}{\rightrightarrows}} C$ に対し，任意の $a \in |A|$, $b \in |B|$ について

$$|g| \circ a \otimes b = |g'| \circ a \otimes b$$

ならば $g = g'$ である．

ことの確認だ．わざわざ補題の形にまとめたが，このこと自体はテンソル積の普遍性について述べているに過ぎず，2重線型写像との対応を考えれば良い．

N：射 $A \oplus B \xrightarrow{g} C$ から2重線型写像 $\overline{g}$ への対応は

$$\overline{g} = |g| \circ \iota^{\otimes}_{A,B} \tag{13.5}$$

と書けるから，条件は $\overline{g} = \overline{g'}$ ということを主張している．ということは，一対一で対応している g, g' についても $g = g'$ でなければならないな．

S：さあここで補題1について振り返ろう．**Qua** における射 $A \xrightarrow{f} (B \Rightarrow C \otimes B)$ と射 $A \otimes B \xrightarrow{g} C$ との一対一の対応は

$$||f| \circ a| \circ b = |g| \circ a \otimes b$$

で書けるから，この対応を考えれば，実は補題1と補題2とは同じことを主張しているんだ．

N：ふうん，「もっと単純に示すことができる」と言っていたのはこのことか．確かに話は簡単だな．

S：もちろん射の一対一の対応の裏には，補題1の証明で述べたことを確認してきたことがあるわけだから，実質的には同じことをしているのだがな．まあとにかく，これで ε_C たちが自然変換 ε を定めることも示せた．

2. 三角等式

N: あとは三角等式か.

S: こちらも一つ一つ地道に確認していけば大丈夫だ. まずは

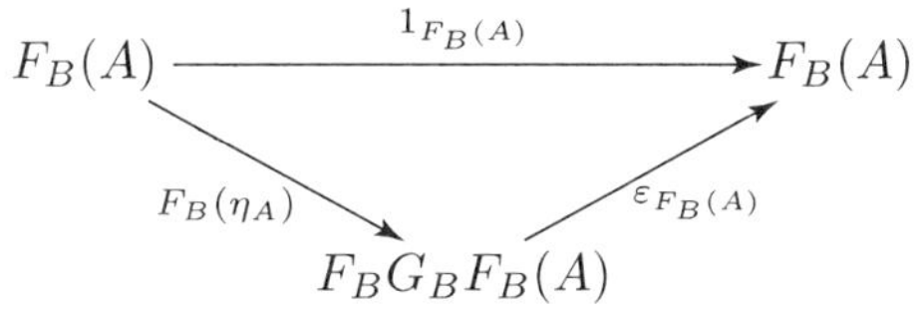

(13.6)

の方を確かめようか.

N: いつ見ても,「$F_BG_BF_B(A)$」のところがややこしくて嫌になるな. 図式の方から人類に対して歩み寄ってもらえないものか. 単位, 余単位のはたらきは (13.2), (13.4) で見た通りだから, 要素をとって確かめていくか. $F_B(A)=A\otimes B$ で $F_B(\eta_A)=\eta_A\otimes 1_B$ だから, $a\in|A|$, $b\in|B|$ に対して

$$|F_B(A)|\circ a\otimes b=(|\eta_A|\circ a)\otimes b$$

となる. これを $|\varepsilon_{F_B(A)}|$ でうつすと, (13.4) から

$$|\varepsilon_{F_B(\eta_A)}|\circ(|\eta_A|\circ a)\otimes b=||\eta_A|\circ a|\circ b$$

と計算できて, (13.2) からこれは $a\otimes b$ に等しい. まとめると

$$|\varepsilon_{F_B(A)}\circ F_B(\eta_A)|\circ a\otimes b=a\otimes b=|1_{A\otimes B}|\circ a\otimes b$$

で, 補題 2 から

$$\varepsilon_{F_B(A)}\circ F_B(\eta_A)=1_{A\otimes B}$$

つまり (13.6) が可換であることがわかる.

S: 片割れの

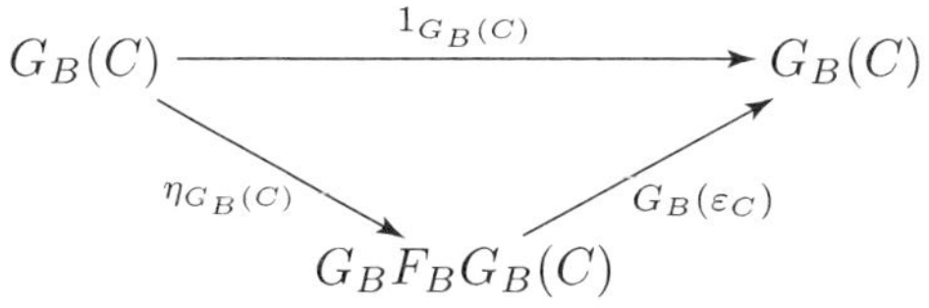

(13.7)

についても要素の対応を追っていけば良い．$G_B(C)=(B\Rightarrow C)$ だから，B から C への射 φ をとろう．$|\eta_{B_B(C)}|\circ\varphi$ は B から $(B\Rightarrow C)\otimes B$ への射で，(13.2) から $b\in|B|$ を

$$||\eta_{G_B(C)}|\circ\varphi|\circ b=\varphi\otimes b$$

にうつすようなものだ．$G_B(\varepsilon_C)$ は「あとから ε_C を合成する」というはたらきを持つものだから，(13.4) から $|\varepsilon_C|\circ\varphi\otimes b=|\varphi|\circ b$ で，B から C への射として

$$|G_B(\varepsilon_C)\circ\eta_{G_B(C)}|\circ\varphi=\varphi$$

だとわかる．ということで

$$G_B(\varepsilon_C)\circ\eta_{G_B(C)}=1_{(B\Rightarrow C)}$$

で，(13.7) は可換だ．これでとうとうおしまいだ．

定理3　A,B,C は量系とする．モノイド準同型 $A\xrightarrow{\alpha}A'$ を $A\otimes B\xrightarrow{\alpha\otimes 1_B}A'\otimes B$ に対応させる関手を F_B とし，$C\xrightarrow{\gamma}C'$ を $(B\Rightarrow C)\xrightarrow{\gamma\circ -}(B\Rightarrow C')$ に対応させる関手を G_B とする[*1]．$\mathrm{Hom}_{\mathbf{Qua}}(F_B(A),C)$ と $\mathrm{Hom}_{\mathbf{Qua}}(A,G_B(C))$ との間には一対一の対応が存在する．恒等射 $1_{F_B(A)}$ に対応する射 $A\longrightarrow G_BF_B(A)$ を η_A，恒等射 $1_{G_B(C)}$ に対応する射 $F_BG_B(C)\longrightarrow C$ を ε_C としたとき，これらはそれぞれ自然変換 $\mathrm{id}_{\mathbf{Qua}}\overset{\eta}{\Longrightarrow}G_BF_B$，$F_BG_B\overset{\varepsilon}{\Longrightarrow}\mathrm{id}_{\mathbf{Qua}}$ を定める．さらに，$\langle F_B,G_B,\varepsilon,\eta\rangle$ は随伴である．

3. テンソル積の性質

N：いや，実に大変な道のりだった．何が大変だったかも思い出せないくらいだ．

*1 「$\gamma\circ -$」は $B\longrightarrow C$ に $C\xrightarrow{\gamma}C'$ を合成する射を表す．

S：なんだ，それならまだまだいけるじゃないか．折角だからテンソル積の性質をいくつか示しておこう．まず $\langle F_B, G_B, \varepsilon, \eta\rangle$ が随伴だということから，F_B は余極限を保存し，G_B は極限を保存する[*2]．そして **Qua** では有限積と有限余積とは同型だったから[*3]，零対象を始対象と同じく $0_{\mathbf{Qua}}$ と書くことにすれば

$$0_{\mathbf{Qua}} \otimes A \cong 0_{\mathbf{Qua}}$$
$$(A \Rightarrow 0_{\mathbf{Qua}}) \cong 0_{\mathbf{Qua}}$$

が成り立つ．さらに直和について

$$(A \oplus B) \otimes C \cong (A \otimes C) \oplus (B \otimes C)$$
$$(A \Rightarrow (B \oplus C)) \cong (A \Rightarrow B) \oplus (A \Rightarrow C)$$

が成り立つ．

N：**Set** では積と冪との間に随伴関係があって，始対象 0_{Set}，終対象 1_{Set} に対して

$$0_{\mathrm{Set}} \times A \cong 0_{\mathrm{Set}}$$
$$1_{\mathrm{Set}}^{A} \cong 1_{\mathrm{Set}}$$

で，有限積，有限余積に対しては

$$(A+B) \times C \cong (A \times C) + (B \times C)$$
$$(B \times C)^A \cong B^A \times C^A$$

だったな[*4]．

S：あとは，テンソル積の普遍性だけから出るものだが，テンソル積の可換性

$$A \otimes B \cong B \otimes A$$

が重要かな．同型 $|A| \times |B| \xrightarrow{\sigma_{|A|,|B|}} |B| \times |A|$ に $|B| \times |A| \xrightarrow{\iota^{\otimes}_{B,A}} |B \otimes A|$

---

*2 単行本第 1 巻第 8 話の定理 2 参照．

*3 単行本第 2 巻第 7 節の定理 1 参照．

*4 単行本第 1 巻第 8 話第 3 節参照．

を合成して得られる 2 重線型写像に対して，テンソル積の普遍性から得られるモノイド準同型 $A\otimes B \longrightarrow B\otimes A$ を $\sigma'_{A,B}$ とおく：

$$\begin{array}{ccccc}
|A|\times|B| & \xrightarrow{\sigma_{|A|,|B|}} & |B|\times|A| & \xrightarrow{\imath^{\otimes}_{B,A}} & |B\otimes A| \\
& \searrow^{\imath^{\otimes}_{A,B}} & & & \uparrow{\scriptstyle |\sigma'_{A,B}|} \\
& & & & |A\otimes B|
\end{array}$$

同様にして $B\otimes A \xrightarrow{\sigma'_{B,A}} A\otimes B$ も定めると，これらの定義により

$$\begin{array}{ccccc}
|A|\times|B| & \xrightarrow{\sigma_{|A|,|B|}} & |B|\times|A| & \xrightarrow{\sigma_{|B|,|A|}} & |A|\times|B| \\
\downarrow{\scriptstyle \imath^{\otimes}_{A,B}} & & \downarrow{\scriptstyle \imath^{\otimes}_{B,A}} & & \downarrow{\scriptstyle \imath^{\otimes}_{A,B}} \\
|A\otimes B| & \xrightarrow[|\sigma'_{A,B}|]{} & |B\otimes A| & \xrightarrow[|\sigma'_{B,A}|]{} & |A\otimes B|
\end{array}$$

という可換図式が描ける．$\sigma_{|B|,|A|}\circ\sigma_{|A|,|B|} = 1_{|A|\times|B|}$ だから，変形すると

$$\begin{array}{ccc}
|A|\times|B| & \xrightarrow{\imath^{\otimes}_{A,B}} & |A\otimes B| \\
& \searrow^{\imath^{\otimes}_{A,B}} & \uparrow{\scriptstyle |\sigma'_{B,A}\circ\sigma'_{A,B}|} \\
& & |A\otimes B|
\end{array}$$

だ．$A\otimes B \longrightarrow A\otimes B$ として $\sigma'_{B,A}\circ\sigma'_{A,B}$ でなく，恒等射を考えてもこの図式は可換だから，テンソル積の普遍性により

$$\sigma'_{B,A}\circ\sigma'_{A,B} = 1_{A\otimes B}$$

がいえる．$\sigma'_{A,B}\circ\sigma'_{B,A} = 1_{B\otimes A}$ も同様にして示せるから $A\otimes B \cong B\otimes A$ だ．

N：なるほど，非常に掛け算らしいじゃないか．となるとあとは結合律とかか．

S：結合律も成り立つし，それに単位対象だってある．次回はこのあたりを確かめていこう．

第14話

1. 多重線型写像

S：引き続きテンソル積に備わっている「かけ算らしさ」について調べていこう．前回，テンソル積が可換であることを示したが，次は結合律を示そう．

N：量系 A, B, C に対して

$$(A\otimes B)\otimes C\cong A\otimes(B\otimes C) \tag{14.1}$$

ということか．$A\otimes B\cong B\otimes A$ を示すのに $|A|\times|B|\cong|B|\times|A|$ から始めたから，今回は **Set** における積の結合律を基にしていけば良さそうだな．

S：もちろんそれでも良いのだが，同じことをしても面白くないからもっと別の方法をとろう．3 項のテンソル積 $A\otimes B\otimes C$ を定義して，これが $(A\otimes B)\otimes C$, $A\otimes(B\otimes C)$ と同型であることを示すんだ．

N：「結合律が成り立つから 3 項のテンソル積も矛盾なく定義できる」という意味ではなく，「3 項のテンソル積」そのものを定義するということか．

S：そしてそのためには，「2 重線型写像」の定義をより一般の項数に拡張する必要がある．2 項のテンソル積は 2 重線型写像から定義

されたのだからな.

定義1 n は自然数，$M_1,\cdots,M_n$, N はモノイドとする. またモノイド X に対して，$*_X$ はその二項演算，u_X はその単位元を表すものとする. $|M_1|\times\cdots\times|M_n|$ から $|N|$ への写像 f が，1 から n までの各 i に対して，任意の $m_1\in|M_1|,\cdots,m_i,\ m'_i\in|M_i|,\cdots,m_n\in|M_n|$ について

$$f\circ\begin{pmatrix}m_1\\ \vdots\\ m_i *_{M_i} m'_i\\ \vdots\\ m_n\end{pmatrix}=f\circ\begin{pmatrix}m_1\\ \vdots\\ m_i\\ \vdots\\ m_n\end{pmatrix} *_N f\circ\begin{pmatrix}m_1\\ \vdots\\ m'_i\\ \vdots\\ m_n\end{pmatrix}$$

をみたし，$m_1,\cdots,m_n$ のうちいずれかが単位元であれば

$$f\circ\begin{pmatrix}m_1\\ \vdots\\ m_n\end{pmatrix}=u_N$$

となるとき，f を **n 重線型写像**と呼び，このようなもの全体を $\mathrm{ML}(M_1,\cdots,M_n;N)$ と書く.

N：2 重線型写像のときは，引数の一方を固定するともう一方についてモノイド準同型の条件が成り立つということだったが，今回も同じような条件だな. どの成分についても，その成分以外を固定するとモノイド準同型だと.

S：機会がある度に触れているが，こういった「着目している成分以外を固定する」という操作はカリー化，アンカリー化，部分適用と深く関わっているから念のため確認しておこう. 成分は 3 つにして，モノイド A,B,C,D に対して $|A|\times|B|\times|C|$ から $|D|$ への 3 重線型写像 f について考える. f のカリー化として

$|B|\times|C| \xrightarrow{f^1} |D|^{|A|}$ をとると，$b\in|B|$, $c\in|C|$ に対して $f^1\circ\begin{pmatrix}b\\c\end{pmatrix}$ は $|D|^{|A|}$ の要素だ．したがって，アンカリー化すると $|A|$ から $|D|$ への写像が得られる．これを $f^1_{\langle b,c\rangle}$ としよう．この写像はもとの f と，任意の $a\in|A|$ に対して

$$f^1_{\langle b,c\rangle}\circ a = f\circ\begin{pmatrix}a\\b\\c\end{pmatrix}$$

であるという関係で結び付いている．f が 3 重線型写像であるための条件のうち，1 つ目の成分に課されるものは，こうして得られる $f^1_{\langle b,c\rangle}$ が，どのような $b\in|B|, c\in|C|$ に対してもモノイド準同型の条件をみたすというものだ．他の条件については，最初のカリー化として 2 つ目の成分に関するもの $|A|\times|C| \xrightarrow{f^2} |D|^{|B|}$，3 つ目の成分に関するもの $|A|\times|B| \xrightarrow{f^3} |D|^{|C|}$ をとって同じように考えれば良い．

N：はあ,「他の成分を固定するとモノイド準同型の条件をみたす」という一言の裏にはこんなに面倒な話が潜んでいるのか.

S：まあもちろん常にここまでちゃんと考えなければならないという訳ではないけれど，自分の考えていることがどういう原理に基づくことなのかは必要に応じて振り返れるようにしておいた方が良いだろうな.

2. 一般項数のテンソル積

N：それで，ここから n 項のテンソル積を作るのか？

S：その通りだが，やるべきことは 2 項のテンソル積と同じだか

ら，作り方を振り返れば良いだけだ[*1]．量系 $A_1, \cdots, A_n$ に対して，$|A_1| \times \cdots \times |A_n|$ 上の自由量系 $F^Q(|A_1| \times \cdots \times |A_n|)$ を考える．そして，2 項のテンソル積の場合と同様，n 重線型写像の条件に対応する合同関係による商モノイド $F^Q(|A_1| \times \cdots \times |A_n|) \xrightarrow{q} Q$ を考えれば，この Q こそが $A_1, \cdots, A_n$ たちのテンソル積 $A_1 \otimes \cdots \otimes A_n$ だ．$\iota^{\otimes}_{A_1, \cdots, A_n} = q \circ \eta_{|A_1| \times \cdots \times |A_n|}$ とおく．こうして得られるテンソル積は，やはり 2 項の場合と同様，余解（コイコライザ）であるということから次の普遍性を持つ：

定理 2　$A_1, \cdots, A_n$, B は量系とする．任意の $f \in \mathrm{ML}(A_1, \cdots, A_n; B)$ に対して，$A_1 \otimes \cdots \otimes A_n \xrightarrow{\bar{f}} B$ で

$$\begin{array}{ccc} |A_1| \times \cdots \times |A_n| & \xrightarrow{\quad f \quad} & |B| \\ & \searrow^{\iota^{\otimes}_{A_1, \ldots, A_n}} & \uparrow{\scriptstyle |\bar{f}|} \\ & & |A_1 \otimes \cdots \otimes A_n| \end{array}$$

を可換にするものが一意に存在する．

そして次の判別法も成り立つ：

補題 3　**Qua** の射 $A_1 \otimes \cdots \otimes A_n \underset{f'}{\overset{f}{\rightrightarrows}} B$ に対し，任意の $a_1 \in |A_1|, \cdots, a_n \in |A_n|$ について

$$|f| \circ (a_1 \otimes \cdots \otimes a_n) = |f'| \circ (a_1 \otimes \cdots \otimes a_n)$$

ならば $f = f'$ である．

N：2 項の場合の性質がそのまま一般化できているわけか．

[*1] 第 11 話第 2 節参照.

3. テンソル積の結合律

S：では量系 A, B, C に対して，3項のテンソル積 $A \otimes B \otimes C$ と2項のテンソル積の繰り返し $(A \otimes B) \otimes C$ とが同型であることを示そう．当然元となるのは，**Set** における

$$|A| \times |B| \times |C| \cong (|A| \times |B|) \times |C|$$

だ．

N：$|A| \times |B| \times |C|$ から $(|A| \times |B|) \times |C|$ への同型射は，積の標準的な射

$$\begin{array}{ccccc} & & |A| \times |B| \times |C| & & \\ & \swarrow^{\pi^1} & \downarrow^{\pi^2} & \searrow^{\pi^3} & \\ |A| & & |B| & & |C| \end{array}$$

を用いれば $\begin{pmatrix} \begin{pmatrix} \pi^1 \\ \pi^2 \end{pmatrix} \\ \pi^3 \end{pmatrix}$ と表される．$(A \otimes B) \otimes C$ はテンソル積のテンソル積だから，$(|A| \times |B|) \times |C|$ から $|(A \otimes B) \otimes C|$ へは，$|A \otimes B| \times |C|$ を経由することとして

$$|A| \times |B| \times |C| \xrightarrow{\begin{pmatrix} \begin{pmatrix} \pi^1 \\ \pi^2 \end{pmatrix} \\ \pi^3 \end{pmatrix}} (|A| \times |B|) \times |C| \xrightarrow{\iota^{\oplus}_{A,B} \times 1_C} |A \otimes B| \times |C|$$
$$\xrightarrow{\iota^{\otimes}_{A \otimes B, C}} |(A \otimes B) \otimes C|$$

を f とでもおいて，これが3重線型写像であることを確かめれば良さそうだが何だこれはめんどくさいやってられるか．

S：要素の対応を落ち着いて追っていけば良いだけじゃないか．$a \in |A|$, $b \in |B|$, $c \in |C|$ に対して

$$f \circ \begin{pmatrix} a \\ b \\ c \end{pmatrix} = \iota^{\otimes}_{A \otimes B, C} \circ (\iota^{\otimes}_{A,B} \times 1_C) \circ \begin{pmatrix} \begin{pmatrix} a \\ b \end{pmatrix} \\ c \end{pmatrix} = \iota^{\otimes}_{A \otimes B, C} \circ \begin{pmatrix} a \otimes b \\ c \end{pmatrix} = (a \otimes b) \otimes c$$

となる．例として1つ目の引数に対する条件を確かめよう．

量系 X に対して，二項演算を $+_X$，単位元を 0_X で表すと，$a, a' \in |A|$, $b \in |B|$, $c \in |C|$ に対して

$$f \circ \begin{pmatrix} a +_A a' \\ b \\ c \end{pmatrix} = ((a +_A a') \otimes b) \otimes c$$

$$= (a \otimes b +_{A \otimes B} a' \otimes b) \otimes c$$

$$= (a \otimes b) \otimes c +_{(A \otimes B) \otimes C} (a' \otimes b) \otimes c$$

$$= f \circ \begin{pmatrix} a \\ b \\ c \end{pmatrix} +_{(A \otimes B) \otimes C} f \circ \begin{pmatrix} a' \\ b \\ c \end{pmatrix}$$

$$f \circ \begin{pmatrix} 0_A \\ b \\ c \end{pmatrix} = (0 \otimes b) \otimes c$$

$$= 0_{A \otimes B} \otimes c$$

$$= 0_{(A \otimes B) \otimes C}$$

となる．

N：ほら見ろ，面倒じゃないか．やはり僕は正しかった．

S：なにを下らないことで威張っているんだ．まあとにかく他の引数に対しても同様に確かめることができるから，君が構成した f は 3 重線型写像だ．したがって，$A \otimes B \otimes C \xrightarrow{\bar{f}} (A \otimes B) \otimes C$ で

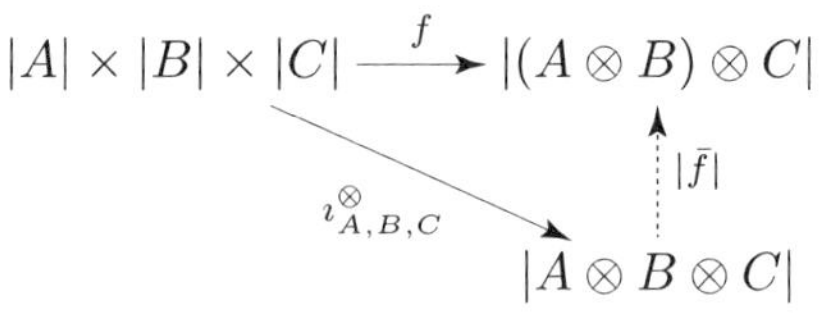

を可換にするものが一意に存在する．より実感がわきやすいように要素同士の対応を見ると，$a \in |A|$, $b \in |B|$, $c \in |C|$ に対して

$$|\bar{f}| \circ (a \otimes b \otimes c) = |\bar{f}| \circ \iota^{\otimes}_{A,B,C} \circ \begin{pmatrix} a \\ b \\ c \end{pmatrix} = f \circ \begin{pmatrix} a \\ b \\ c \end{pmatrix} = (a \otimes b) \otimes c$$

となる．

N：では，逆は $(a\otimes b)\otimes c$ を $a\otimes b\otimes c$ にうつすように構成すれば良いのか．

S：それはそうなのだが，$(A\otimes B)\otimes C$ がテンソル積のテンソル積だということから，先程のようにストレートに話を進めることができなくて，もう一工夫必要となってくる．$c\in|C|$ を固定し，写像 g_c を

$$|A|\times|B|\xrightarrow{\begin{pmatrix}1_{|A|\times|B|}\\ c\circ !_{|A|\times|B|}\end{pmatrix}}(|A|\times|B|)\times|C|\xrightarrow{\cong}|A|\times|B|\times|C|$$
$$\xrightarrow{\iota^{\otimes}_{A,B,C}}|A\otimes B\otimes C|$$

で定義しよう．これが一工夫だ．

N：ほう，これだけで良いのか．$a\in|A|$, $b\in|B|$ に対して $\begin{pmatrix}a\\ b\end{pmatrix}$ のうつり先を追うと，

$$\begin{pmatrix}a\\ b\end{pmatrix}\longmapsto\begin{pmatrix}\begin{pmatrix}a\\ b\end{pmatrix}\\ c\end{pmatrix}\longmapsto\begin{pmatrix}a\\ b\\ c\end{pmatrix}\longmapsto a\otimes b\otimes c$$

となっているな．

S：テンソル積の性質から，g_c が $|A|\times|B|$ 上の 2 重線型写像であることがわかるから，$A\otimes B\xrightarrow{\bar{g}_c}A\otimes B\otimes C$ で

$$\begin{array}{ccc}|A|\times|B| & \xrightarrow{g_c} & |A\otimes B\otimes C|\\ & \searrow^{\iota^{\otimes}_{A,B}} & \uparrow{\scriptstyle |\bar{g}_c|}\\ & & |A\otimes B|\end{array}$$

を可換にするものが一意に存在する．要素同士の対応については，$a\in|A|$, $b\in|B|$ に対して

$$|\overline{g}_c|\circ(a\otimes b)=|\overline{g}_c|\circ\iota^{\otimes}_{A,B}\circ\begin{pmatrix}a\\b\end{pmatrix}=g_c\circ\begin{pmatrix}a\\b\end{pmatrix}=a\otimes b\otimes c$$

だ．この過程を通して得られる c から $\overline{g}_c$ への対応を g とおこう．$c\in|C|$ に対して $g_c\in\mathrm{Hom}_{\mathbf{Qua}}(A\otimes B, A\otimes B\otimes C)$ が一意に定まっているから，これは写像だ．しかもそれだけではなく，モノイド準同型の性質をもみたしている．

N：$a\in|A|$, $b\in|B|$, $c,c'\in|C|$ に対して

$$\begin{aligned}|\overline{g}_{c+c'}|\circ(a\otimes b)&=a\otimes b\otimes(c+_C c')\\&=a\otimes b\otimes c+_{A\otimes B\otimes C}a\otimes b\otimes c'\\&=|\overline{g}_c|\circ(a\otimes b)+_{A\otimes B\otimes C}|\overline{g}_{c'}|\circ(a\otimes b)\end{aligned}$$

となる．$(A\otimes B\Rightarrow A\otimes B\otimes C)$ の二項演算を $+$ で表せば，

$$|\overline{g}_{c+c'}|\circ(a\otimes b)=|\overline{g}_c+\overline{g}_{c'}|\circ(a\otimes b)$$

とまとめられるから，補題3によって

$$g\circ(c+c')=\overline{g}_{c+c'}=\overline{g}_c+\overline{g}_{c'}=g\circ c+g\circ c'$$

がいえる．単位元の対応については，まずどんな $a\in|A|$, $b\in|B|$ に対しても

$$|\overline{g}_{0_C}|\circ(a\otimes b)=a\otimes b\otimes 0_C=0_{A\otimes B\otimes C}$$

となる．$(A\otimes B\Rightarrow A\otimes B\otimes C)$ の単位元を z とおけば

$$|\overline{g}_{0_C}|\circ(a\otimes b)=|z|\circ(a\otimes b)$$

で，

$$g\circ 0_C=\overline{g}_{0_C}=z$$

だ．

S：これで写像 g がモノイド準同型の条件をみたすことがわかったから，**Qua** における射 $C\xrightarrow{\overline{g}}(A\otimes B\Rightarrow A\otimes B\otimes C)$ で，$|\overline{g}|=g$

となるものが存在する．あとは随伴関係とテンソル積の可換性から，**Qua** の射 $(A\otimes B)\otimes C\xrightarrow{\tilde{g}}A\otimes B\otimes C$ に対応付けられる．要素間の対応としては，今までのものをまとめると，$a\in|A|,\ b\in|B|,\ c\in|C|$ に対して

$$\begin{aligned}|\tilde{g}|\circ((a\otimes b)\otimes c)&=||\overline{g}|\circ c|\circ(a\otimes b)=|g\circ c|\circ(a\otimes b)\\&=|\overline{g}_c|\circ(a\otimes b)=a\otimes b\otimes c\end{aligned}$$

となっていて，これで目論み通り $(a\otimes b)\otimes c$ を $a\otimes b\otimes c$ にうつす **Qua** の射が得られた．

N：となると，$\overline{f},\tilde{g}$ が互いに逆の関係にあるのか．任意の $a\in|A|,b\in|B|,c\in|C|$ に対して

$$\begin{aligned}|\tilde{g}|\circ|\overline{f}|\circ(a\otimes b\otimes c)&=|\tilde{g}|\circ((a\otimes b)\otimes c)=a\otimes b\otimes c\\&=|1_{A\otimes B\otimes C}|\circ a\otimes b\otimes c\end{aligned}$$

となるから，補題3によって

$$\tilde{g}\circ\overline{f}=1_{A\otimes B\otimes C}$$

だ．もう片方はどうせさっきの「一工夫」とやらが関係しているんだろう？

S：良い勘をしているじゃないか．要素の対応から言えるのは

$$|\overline{f}\circ\tilde{g}|\circ((a\otimes b)\otimes c)=|1_{(A\otimes B)\otimes C}|\circ((a\otimes b)\otimes c)$$

までで，直接補題3を適用可能な形にはなっていない．だが同型

$$\begin{aligned}&\mathrm{Hom}_{\mathbf{Qua}}((A\otimes B)\otimes C,\ (A\otimes B)\otimes C)\\&\cong\mathrm{Hom}_{\mathbf{Qua}}(C,(A\otimes B\Rightarrow(A\otimes B)\otimes C))\end{aligned}$$

を通じることでこの問題は解決できる．$\overline{f}\circ\tilde{g}$ の対応物を x，$1_{(A\otimes B)\otimes C}$ の対応物を y とおくと

$$\begin{aligned}||x|\circ c|\circ(a\otimes b)&=|\bar{f}\circ\tilde{g}|\circ((a\otimes b)\otimes c)\\&=|1_{(A\otimes B)\otimes C}|\circ((a\otimes b)\otimes c)=||y|\circ c|\circ(a\otimes b)\end{aligned}$$

となるから

$$|x|\circ c=|y|\circ c$$

で，well-pointed 性と忘却関手の忠実性とによって $x=y$ だ．したがって $\bar{f}\circ\tilde{g}=1_{(A\otimes B)\otimes C}$ がわかる．同様にして $A\otimes(B\otimes C)\cong A\otimes B\otimes C$ もわかるから

定理 4　量系 A,B,C に対して

$$(A\otimes B)\otimes C\cong A\otimes B\otimes C\cong A\otimes(B\otimes C)$$

である．

ことがわかった．次は単位律について調べていこう．

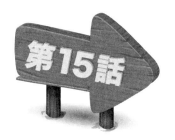

第15話

1. テンソル積の単位

S：量系の圏 **Qua** におけるテンソル積が可換律，結合律をみたすことを確認してきたが，最後に単位律についてみていこう．

N：**Set** の積の場合だと，1 点集合 **1** が単位となっていたな．任意の集合 X に対して

$$X \times \mathbf{1} \cong X \cong \mathbf{1} \times X$$

が成り立つ．

S：**Qua** の場合はもう少し複雑な対象となる．先に答えを言ってしまうと，自然数全体を通常の和によって可換モノイドとみなしたものが単位なんだ．集合 $\mathbb{N}$ と区別するために，可換モノイドとしての自然数全体を $\bar{\mathbb{N}}$ とでもしておこう．要素の対応を追って，任意の量系 M に対して

$$M \otimes \bar{\mathbb{N}} \cong M \cong \bar{\mathbb{N}} \otimes M$$

だということを示しても良いのだけれど，せっかくだからもっと圏論らしく証明していこうじゃないか．テンソル積の導入の仕方でもお世話になったが，再び Harold Simmons の "The tensor product of commutative monoids" を参考にしよう．鍵となるのは，量系 M, N に対して作られる量系 $(\bar{\mathbb{N}} \Rightarrow (M \Rightarrow N))$ だ．

N：自然数から，M から N へのモノイド準同型への対応全体か．

S：この量系について考えを深めていくと，自然と $\bar{\mathbb{N}}$ が単位であることがわかってしまうんだ．まず，自然数 n が 1 を n 回足したものであることと，モノイド準同型性とを合わせると，$(\bar{\mathbb{N}} \Rightarrow (M \Rightarrow N))$ の要素は 1 のうつり先だけで決定されることがわかる．

N：$(\bar{\mathbb{N}} \Rightarrow (M \Rightarrow N))$ の要素 f について，$|f| \circ n$ が $|f| \circ 1$ で決定される，ということか？ まあ確かに

$$|f| \circ n = |f| \circ \underbrace{(1 + \cdots + 1)}_{n} = \underbrace{|f| \circ 1 + \cdots + |f| \circ 1}_{n}$$

だからそれはそうだが．

S：量 q を n 回足し合わせたものを $q \cdot n$ と書くことにすれば，任意の自然数 n に対して

$$|f| \circ n = (|f| \circ 1) \cdot n \tag{15.1}$$

ということで，言い換えれば，モノイド準同型性による縛りで自由度がまったくないということだ．f から $|f| \circ 1$ への対応は $(\bar{\mathbb{N}} \Rightarrow (M \Rightarrow N))$ から $(M \Rightarrow N)$ へのモノイド準同型となる．ほとんど明らかだろうけれど，和についてだけ確かめておくと，$(\bar{\mathbb{N}} \Rightarrow (M \Rightarrow N))$ の要素 f, f' に対して

$$|f + f'| \circ 1 = |f| \circ 1 + |f'| \circ 1$$

となる．見た目がややこしくなるから省略しているが，左辺の「+」は $(\bar{\mathbb{N}} \Rightarrow (M \Rightarrow N))$ の演算，右辺の「+」は $(M \Rightarrow N)$ の演算で，どちらも単に「和」と呼んでいる．このモノイド準同型を φ とおこう：

$$|\varphi| \circ f = |f| \circ 1$$

逆の立場から (15.1) を見れば，これは $(M \Rightarrow N)$ の要素を与えられた自然数の回数だけ足し合わせることによって $(\bar{\mathbb{N}} \Rightarrow (M \Rightarrow N))$

の要素を定めることができる，とも捉えられる．この対応から定まるモノイド準同型を ϕ とおこう．

N：M から N へのモノイド準同型 g について $(\overline{\mathbb{N}} \Rightarrow (M \Rightarrow N))$ の要素 $|\phi| \circ g$ を，自然数 n に対して $g \cdot n$ を返すように定めるわけか．つまり任意の自然数 n に対して

$$||\phi| \circ g| \circ n = g \cdot n$$

だな．$(M \Rightarrow N)$ の単位元 z は，任意の M の要素を N の単位元 0_N に対応させるものだから，任意の $m \in |M|$ に対して

$$\begin{aligned} |||\phi| \circ z| \circ n| \circ m &= (|\underbrace{z + \cdots + z}_{n}|) \circ m \\ &= \underbrace{|z| \circ m + \cdots + |z| \circ m}_{n} = 0_N = |z| \circ m \end{aligned}$$

となる．任意の自然数 n に対して $||\phi| \circ z| \circ n$ は $(M \Rightarrow N)$ の単位元 z だから，$|\phi| \circ z$ は $(\overline{\mathbb{N}} \Rightarrow (M \Rightarrow N))$ の単位元だ．和の保存についても M の要素をとって可換性を用いれば示せる．

S：対応から明らかだろうが，これらは互いに逆の関係にある．$(\overline{\mathbb{N}} \Rightarrow (M \Rightarrow N))$ の要素 f および自然数 n に対して

$$||\phi \circ \varphi| \circ f| \circ n = ||\phi| \circ (|f| \circ 1)| \circ n = (|f| \circ 1) \cdot n = |f| \circ n$$

となる．一方，$(M \Rightarrow N)$ の要素 g に対して

$$|\varphi \circ \phi| \circ g = ||\phi| \circ g| \circ 1 = g$$

だ．よって

> **補題 1**　量系 M, N に対して
>
> $$(\overline{\mathbb{N}} \Rightarrow (M \Rightarrow N)) \cong (M \Rightarrow N)$$
>
> である．

ことがわかった．左辺はテンソル積との随伴関係によって

$(\bar{\mathbb{N}} \otimes M \Rightarrow N)$ と同型だ．あとは「米田の補題の双対によって $\bar{\mathbb{N}} \otimes M \cong M$ だ」と進んでも良いし，対応を具体的に書き下していっても良い．この結果として，最初に言っていた要素の対応が得られる．

N：随伴関係による対応を合わせて考えると，$\bar{\mathbb{N}} \otimes M$ から N へのモノイド準同型 f に対して M から N へのモノイド準同型 $\bar{f}$ で

$$|\bar{f}| \circ m = |f| \circ (1 \otimes m),\ m \in |M|$$

となるものが対応するな．逆に M から N へのモノイド準同型 g に対しては $\bar{\mathbb{N}} \otimes M$ から N へのモノイド準同型 $\tilde{g}$ で

$$|\tilde{g}| \circ (n \otimes m) = (|g| \circ m) \cdot n,\ n \in \mathbb{N},\ m \in |M|$$

となるものが対応する．

S：まず N を $\bar{\mathbb{N}} \otimes M$ とした上で f として恒等射 $1_{\bar{\mathbb{N}} \otimes M}$ をとると，M から $\bar{\mathbb{N}} \otimes M$ へのモノイド準同型 $\bar{1}_{\bar{\mathbb{N}} \otimes M}$ で

$$|\bar{1}_{\bar{\mathbb{N}} \otimes M}| \circ m = 1 \otimes m,\ m \in |M|$$

なるものが得られる．次に N を M とした上で g として恒等射 1_M をとると，$\bar{\mathbb{N}} \otimes M$ から M へのモノイド準同型 $\tilde{1}_M$ で

$$|\tilde{1}_M| \circ (n \otimes m) = m \cdot n,\ n \in \mathbb{N},\ m \in |M|$$

なるものが得られる．これが $\bar{\mathbb{N}} \otimes M$ と M との間の要素同士の対応だ．

N：$m \in |M|$ は $1 \otimes m$ にうつり，これが $m \cdot 1 = m$ に戻ってくる．逆に $n \in \mathbb{N}$，$m \in |M|$ に対して $n \otimes m$ は $m \cdot n$ にうつり $(1 \otimes m) \cdot n$ に戻ってくる．これはテンソル積の性質によって

$$\underbrace{(1 \otimes m) + \cdots + (1 \otimes m)}_{n} = \underbrace{(1 + \cdots + 1)}_{n} \otimes m = n \otimes m$$

と変形できるから，要素間の対応が互いに逆の関係であることがわかった．

S：テンソル積の可換性から $\overline{\mathbb{N}} \otimes M \cong M \otimes \overline{\mathbb{N}}$ だから，合わせて

> **補題2**　量系 M に対して
> $$M \otimes \overline{\mathbb{N}} \cong M \cong \overline{\mathbb{N}} \otimes M$$
> である.

　ことがいえた.

2.　Qua のモノイダル構造

N：可換律，結合律，単位律と，テンソル積は本当に「かけ算」らしいものだとわかったわけだ.

S：締めくくりに **Qua** はテンソル積と組み合わせることでモノイダル圏の構造を持つことを示そう．「モノイダル圏」とは，コヒーレンス定理を定義に含めてしまえば，次のようなものだった [*1]：

> **定義3**　圏 \mathcal{C}，関手 $\mathcal{C} \times \mathcal{C} \xrightarrow{\otimes} \mathcal{C}$，$\mathcal{C}$ の対象 I，および自然同型
> $$\otimes(\otimes \times 1_{\mathcal{C}}) \overset{\alpha}{\Longrightarrow} (1_{\mathcal{C}} \times \otimes), \quad \otimes\begin{pmatrix}1_{\mathcal{C}} \\ I!_{\mathcal{C}}\end{pmatrix} \overset{\rho}{\Longrightarrow} 1_{\mathcal{C}}, \quad \otimes\begin{pmatrix}I!_{\mathcal{C}} \\ 1_{\mathcal{C}}\end{pmatrix} \overset{\lambda}{\Longrightarrow} 1_{\mathcal{C}}$$
> から成る組 $\langle \mathcal{C}, \otimes, I, \alpha, \rho, \lambda \rangle$ について，\mathcal{C} の任意の対象 A, B, C, D に対して
>
> $$(A \otimes (B \otimes C)) \otimes D \xrightarrow{\alpha_{A,B \otimes C,D}} A \otimes ((B \otimes C) \otimes D)$$
>
> $\alpha_{A \otimes B, C} \otimes 1_D$ ↑ ↓ $1_A \otimes \alpha_{B,C,D}$
>
> $$((A \otimes B) \otimes C) \otimes D \qquad A \otimes (B \otimes (C \otimes D)) \quad (15.2)$$
>
> $\alpha_{A \otimes B, C, D}$　$\alpha_{A,B,C \otimes D}$
>
> $$(A \otimes B) \otimes (C \otimes D)$$

[*1]　単行本第2巻第2話参照.

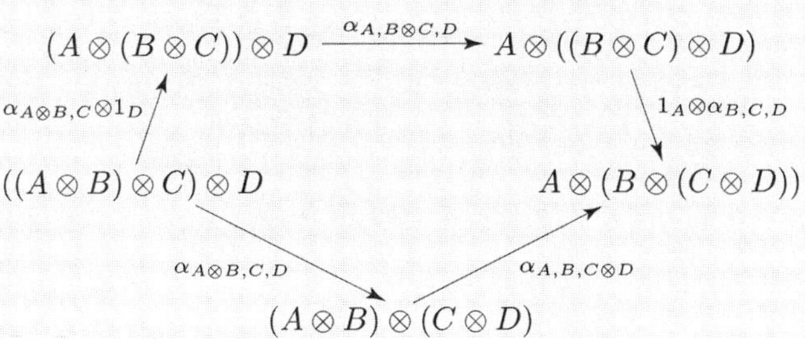

$$
\begin{array}{ccc}
(A \otimes I) \otimes B & \xrightarrow{\alpha_{A,I,B}} & A \otimes (I \otimes B) \\
& {\scriptstyle \rho_A \otimes 1_B} \searrow \quad \swarrow {\scriptstyle 1_A \otimes \lambda_B} & \\
& A \otimes B &
\end{array}
\tag{15.3}
$$

が可換なとき，この組を**モノイダル圏**と呼ぶ．誤解のおそれのない場合は圏 $\mathcal{C}$ そのものをもモノイダル圏と呼ぶ．また $\otimes$ を**モノイダル積**，I を $\otimes$ に関する**モノイダル単位**，α を**結合子**，ρ を**右単位子**，λ を**左単位子**と呼ぶ．

さらにモノイダル積が可換で，コヒーレンス条件をみたすものは「対称モノイダル圏」と呼ばれている．だが定義を述べる前に，いつまでも「自然同型」を使うのは面倒なので便利な用語を一つ定めておこう．

定義 4　圏 $\mathcal{C}$ から圏 $\mathcal{D}$ への関手 F, G について，F, G が自然同型のとき，圏 $\mathcal{C}$ の任意の対象 A について成り立つ同型 $F(A) \cong G(A)$ のことを，特に **A について自然に同型**であるという．

この言葉遣いがどう便利かというと，たとえば **Set** において $A \times B \cong B \times A$ は A, B について自然に同型なわけだけれど，これを「自然同型」のレベルで言おうとすると，左辺を表す関手，右辺を表す関手をそれぞれ定義した上で，それらが関手圏において同型であると表現せざるを得ない．

N：はあ，なるほど，それは面倒だ．要は「自然に同型だ」と言ったとき,「明示しませんが適当な関手を考えているのですよ」と言っているわけだな．

S：この上で「対称モノイダル圏」は以下のように定義される：

定義 5　$\langle \mathcal{C}, \otimes, I, \alpha, \rho, \lambda \rangle$ はモノイダル圏とし，$\mathcal{C}$ の任意の対象 A, B について自然な同型射 $A \otimes B \xrightarrow{\sigma_{A,B}} B \otimes A$ が存在するものとする．$\mathcal{C}$ の任意の対象 A, B, C に対して

$$\begin{array}{ccc} A \otimes I & \xrightarrow{\sigma_{A,I}} & I \otimes A \\ & {\scriptstyle \rho_A} \searrow \quad \swarrow {\scriptstyle \lambda_A} & \\ & A & \end{array} \tag{15.4}$$

$$\begin{array}{ccc} A \otimes B & \xlongequal{1_{A \otimes B}} & A \otimes B \\ & {\scriptstyle \sigma_{A,B}} \searrow \quad \nearrow {\scriptstyle \sigma_{B,A}} & \\ & B \otimes A & \end{array} \tag{15.5}$$

$$\begin{array}{ccccc} (A \otimes B) \otimes C & \xrightarrow{\alpha_{A,B,C}} & A \otimes (B \otimes C) & \xrightarrow{\sigma_{A,B \otimes C}} & (B \otimes C) \otimes A \\ {\scriptstyle \sigma_{A,B} \otimes 1_C} \downarrow & & & & \downarrow {\scriptstyle \alpha_{B,C,A}} \\ (B \otimes A) \otimes C & \xrightarrow[\alpha_{B,A,C}]{} & B \otimes (A \otimes C) & \xrightarrow[1_B \otimes \sigma_{A,C}]{} & B \otimes (C \otimes A) \end{array} \tag{15.6}$$

が可換なとき，モノイダル圏 $\langle \mathcal{C}, \otimes, I, \alpha, \rho, \lambda \rangle$ は**対称**であるという．

N：示さなければならないことが大量に出てきたなあ．

S：そんなに呆然としなくても，今までの話を流用すれば簡単に片が付くことがほとんどだ．たとえば（15.2）の見かけはややこしいが，テンソル積の結合律を示したときと同様に，4 項のテンソル積 $A \otimes B \otimes C \otimes D$ を考えて，これが $((A \otimes B) \otimes C) \otimes D$ と同型であることを示した上で，要素を追って一致することを確かめれば良い．だから今出てきた図式の可換性よりは，可換律，結合律，単位律がそれぞれの対象について自然であることを示すことの方が新しい仕事だといえる．

N：言われてみれば，今までは単に同型であることを示しただけだっ

たな.

S：とはいえ，こちらも特にややこしいことはなく，いつもの四角形の可換性を確かめれば良い．結合律について考えると，$A \xrightarrow{f} A'$, $B \xrightarrow{g} B'$, $C \xrightarrow{h} C'$ について

$$\begin{array}{ccc} (A \otimes B) \otimes C & \xrightarrow{\alpha_{A,B,C}} & A \otimes (B \otimes C) \\ {\scriptstyle (f\otimes g)\otimes h}\downarrow & & \downarrow{\scriptstyle f\otimes(g\otimes h)} \\ (A' \otimes B') \otimes C' & \xrightarrow[\alpha_{A',B',C'}]{} & A' \otimes (B' \otimes C') \end{array}$$

が可換であることがわかれば良いのだけれど，やはりこれも要素を追っていけば良いだけだ．

N：任意の $a \in |A|$, $b \in |B|$, $c \in |C|$ に対して，$(a \otimes b) \otimes c$ は

$$|f \otimes (g \otimes h)| \circ |\alpha_{A,B,C}| \circ ((a \otimes b) \otimes c) = (|f| \circ a) \otimes ((|g| \circ b) \otimes (|h| \circ c))$$

$$|\alpha_{A',B',C'}| \circ |(f \otimes g) \otimes h| \circ ((a \otimes b) \otimes c) = (|f| \circ a) \otimes ((|g| \circ b) \otimes (|h| \circ c))$$

と同じ要素に行き着くから，可換だな．要素がとれると話が簡単だ．

S：こうして，**Qua** はテンソル積について対称モノイダル圏であることがわかった．すでにみたように，**Qua** には直和も備わっており，分配法則を通じてテンソル積とつながっていた．**Qua** は $\overline{\mathbb{N}}$ 上の量系の圏だが，一般の数系 R 上の量系の圏も，同様の性質を持っている．この「直和をもつ対称モノイダル圏」こそが,「線型代数」のための土台なのだ．

3. 量子論理の出発点

N：やれやれ．土台作りのために三年もかけてきたというわけか．確かに直和があれば行列計算ができるし，テンソル積があれば多重線型性も扱えるから，確かに線型代数のための土台ではあるだろ

うが，結局何の話だったかわからなくなりそうだな．

S：君のような心配をする人のために，数学では「埋め込み」というのがあるんだ．実は，「直和をもつ対称モノイダル圏」からはある数系 R 上の量系の圏への関手が構成できる．つまり「抽象的な圏」を具体的な「量系の圏」の話に翻訳できるというわけだ．

N：直和をもつ対称モノイダル圏は何らかの数系上の量系の圏の一部とみなせるというわけか？ だがそもそもその数系はどこから湧いて出たんだ？

S：君の疑問に正確に答えるためには，「well-pointed 性」を拡張した次の概念を説明しておく必要がある．

定義 6　圏 $\mathcal{C}$ の対象 G で，任意の相異なる射 $X \underset{g}{\overset{f}{\rightrightarrows}} Y$ に対して，$G \xrightarrow{x} X$ で $f \circ x \neq g \circ x$ となるものがとれるとき，G を $\mathcal{C}$ の**生成子**と呼ぶ．

N：G として 1 点集合をとれば圏の well-pointed 性の定義になるな．

S：この言葉を用いれば「1 は **Set** の生成子である」と言い換えられる．そして **Qua** では $\bar{\mathbb{N}}$ が生成子なんだ．これは今までにやってきたことの総決算のようなものだ．まず，$M \underset{g}{\overset{f}{\rightrightarrows}} N$ に対して，$f \neq g$ ならば，$m \in |M|$ で $|f| \circ m \neq |g| \circ m$ となるようなものがとれる．さてモノイドに対して，要素をとることと，自然数からのモノイド準同型を定めることとは表裏一体だった．自然数 n に対して m を n 回足し合わせたものを対応させるモノイド準同型を $\bar{\mathbb{N}} \xrightarrow{\bar{m}} M$ とおこう．$|\bar{m}| \circ 1 = m$ だから $|f| \circ |\bar{m}| \circ 1 \neq |g| \circ |\bar{m}| \circ 1$ で，したがって $\bar{\mathbb{N}}$ から N へのモノイド準同型として $f \circ \bar{m} \neq g \circ \bar{m}$ だ．

N：なるほど．それでさっきの数系の話は結局どうなるんだ？

S：次のようにまとめることができる：

> **定理 7**　直和をもつ対称モノイダル圏 $\mathcal{C}$ に生成子 G が存在すれば，$\mathcal{C}$ からある数系 R 上の量系の圏への忠実な関手が存在する [*2]．

というわけで，直和をもつ対称モノイダル圏がさらに生成子 G をもつならば，ある数系 R 上の量系の圏の「一部」と考えることができる．ここでその数系 R としては，$\mathrm{Hom}_{\mathcal{C}}(G, G)$ をとればよい．hom 関手を通じて圏から数系が「絞りだされてくる」わけだ．さらに面白いことに，対称モノイダル圏が，量子現象をモデル化するうえで適切と考えられるいくつかの条件を満たせば，この数系 $\mathrm{Hom}_{\mathcal{C}}(G, G)$ が複素数全体からなる数系「複素数体」となることも知られている．

N：ほう，なぜ量子現象を考えるうえで線型代数，それも複素数体上の線型代数が役立つのかの意義が解明されるというわけだな．

S：そうだ．埋め込みに関しては，実のところもっと弱い条件でよく，テンソル積をもたない状況にも拡張できることも知られている．ところで，**Qua** は一般の対称モノイダル圏であるばかりでなく，さらに良い性質を持っている．**Set** のように有限積を持ち，さらに積と随伴関係にある「冪」を持つ圏はカルテジアン閉圏と呼ばれていたが，モノイダル積に対しても同様の用語が存在する．

---

*2　Chris Heunen『圏論による量子計算のモデルと論理』（川辺治之訳，共立出版）系 2.5.9 参照．なお，そこでは「双積」と呼ばれているものが，本連載の定義における「直和」である．

定義8 モノイダル圏 $\mathcal{C}$ の任意の対象 A, B について，A から B への射全体を $\mathcal{C}$ の対象とみなせるとき，これを**内部 hom 対象**と呼び，$(A \Rightarrow B)$ と書く．A, B から $(A \Rightarrow B)$ への対応が関手 $(- \Rightarrow -) : \mathcal{C}^{\mathrm{op}} \times \mathcal{C} \longrightarrow \mathcal{C}$ を定めるとき，これを**内部 hom 関手**と呼ぶ．さらに，$\mathcal{C}$ の任意の対象 A について，適当な自然変換 ε_A, η_A で $\langle - \otimes A, (A \Rightarrow -), \varepsilon_A, \eta_A \rangle$ が随伴となるようなものが存在するとき $\mathcal{C}$ を**モノイダル閉圏**と呼ぶ．

N：そういえば随伴の話は随分と時間をかけてやったな．思い出したくもない．

S：ここまで来たら本来ならば「量子論理」について少し触れておくべきだが，それを述べるには余白が狭すぎるから，このあたりの話は，先程から引用している Chris Heunen『圏論による量子計算のモデルと論理』(川辺治之訳，共立出版) に詳しく書いてあるので読んでみたまえ．

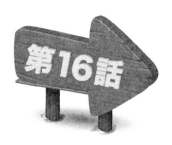

第16話

1. Qua におけるいくつかの極限，余極限

S：テンソル積の話も一段落したから振り返りも兼ねて，**Mon** では存在することを示したいくつかの極限，余極限について，**Qua** でも存在することを確認していこう．

N：**Set** で存在するような極限については **Mon** においても存在するんだったな．

S：状況をより正確に述べるためには，「創出」の概念を導入する必要がある．

定義1　$\mathcal{J} \xrightarrow{D} \mathcal{D}$ は型 $\mathcal{J}$ の図式とし，$\mathcal{C}$ の対角関手を $\mathcal{C} \xrightarrow{\Delta_\mathcal{C}} \mathrm{Fun}(\mathcal{J}, \mathcal{C})$ とする．関手 $\mathcal{C} \xrightarrow{F} \mathcal{D}$ が次の性質を持つとき，F は図式 D の極限を**創出する**という：

図式 FD が極限 $\langle L, \pi \rangle$ [*1] を持つとき，一般射圏（コンマ）$(\Delta_\mathcal{C} \to \mathcal{D})$ の対象 $\langle \overline{L}, \overline{\pi} \rangle$ で，$F(\overline{L}) = L$ でありかつ $\mathcal{J}$ のすべての対象 i について $F(\overline{\pi}_i) = \pi_i$ であるようなものが一意に存在し，しかもこれが図式 D の極限である．

[*1] 図式 FD の極限は一般射圏（コンマ）$(\Delta_D \to FD)$ の対象だから，本来は圏 **1** の対象とを合わせた三つ組となるが，圏 **1** の対象は一つしか存在しないため省略している．

Mon における極限の存在を調べたときにはもう振り返らないだろうと思って導入しなかった言葉だが，我々が確認したことは「**Mon** から **Set** への忘却関手は任意の有限極限を創出する」とまとめられる[*2]．**Mon** についての議論をそのまま適用すれば **Qua** でも同じことがいえる．もっとも，可換律についての証明が必要になってくるが，これは結合律の場合と同様に話を進めればよい．それで，当然双対概念として「余極限の創出」が考えられるが，**Mon** の余解（コイコライザ）でも見た通り，**Mon** や **Qua** から **Set** への忘却関手は一般には余極限を創出しない．

N：**Mon** の射のペア $M \overset{f}{\underset{g}{\rightrightarrows}} N$ の余解（コイコライザ）は，f に対して **Set** の射 Λ_f を

$$(|N|\times|M|)\times|N| \xrightarrow{(1_{|N|}\times|f|)\times 1_{|N|}} (|N|\times|N|)\times|N| \xrightarrow{\mu_N\times 1_{|N|}} |N|\times|N| \xrightarrow{\mu_N} |N|$$

で定めたとき，**Set** における射のペア $(|N|\times|M|)\times|N| \overset{\Lambda_f}{\underset{\Lambda_g}{\rightrightarrows}} |N|$ の余解（コイコライザ）を通じて得られるのだったな[*3]．

S：余解（コイコライザ）についても，極限の創出と同じく **Qua** で同じようにして構成すれば良い．また可換律に関しては，自由可換モノイドの可換律を確かめたときと同様にすれば良い[*4]．

N：創出されるかはともかくとして，存在はしているのだな．

[*2] 第 5 話の定理 4 参照．

[*3] 第 7 話第 2 節参照．

[*4] 第 10 話第 3 節参照．

2. 核対と像

S：さて，あとは「核対」と呼ばれる概念が重要だから，色々と調べていこう．まずは定義だ．

定義 2　射 $X \xrightarrow{f} Y$ 同士の引き戻しを

$$\begin{array}{ccc} R & \xrightarrow{p_2} & X \\ {\scriptstyle p_1}\downarrow & & \downarrow{\scriptstyle f} \\ X & \xrightarrow[f]{} & Y \end{array}$$

としたとき，$R \xrightarrow{\binom{p_1}{p_2}} X \times X$ を f の**核対**と呼ぶ．

N：射自身同士の引き戻しというと，**Set** では分割から同値関係が得られることを示していたな[*5]．あのときは全射に限っていたが，核対の概念は一般の射に対しても定義されるのか．

S：実はこの概念と分割から定まる同値関係とは像を通じて深く結び付いているんだ．まず写像 $X \xrightarrow{f} Y$ を，f の像 $I \xrightarrow{m} Y$ を通じて

$$\begin{array}{ccc} X & \xrightarrow{f} & Y \\ & {\scriptstyle e}\searrow \quad \nearrow{\scriptstyle m} & \\ & I & \end{array}$$

と全射単射分解する[*6]．e は全射だから，e に付随する X 上の同値関係 r_e を考えることができる．これが核対と等価，つまり r_e は核対を包含し，かつ核対は r_e を包含するんだ．

N：とりあえず核対を $R_f \xrightarrow{k_f} X \times X$，$r_e$ の域を R_e と名付けておこう

*5　第 3 話の定理 3 参照．

*6　単行本第 1 巻第 9 話の定理 6 参照．

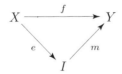

か．r_e は e 同士の引き戻しから得られる $X \times X$ の部分だから

$$e \circ \pi^1_{X,X} \circ r_e = e \circ \pi^2_{X,X} \circ r_e$$

が成り立つ．両辺に左から m を合成することで

$$f \circ \pi^1_{X,X} \circ r_e = f \circ \pi^2_{X,X} \circ r_2$$

が得られるから，$R_e \xrightarrow{u} R_f$ で

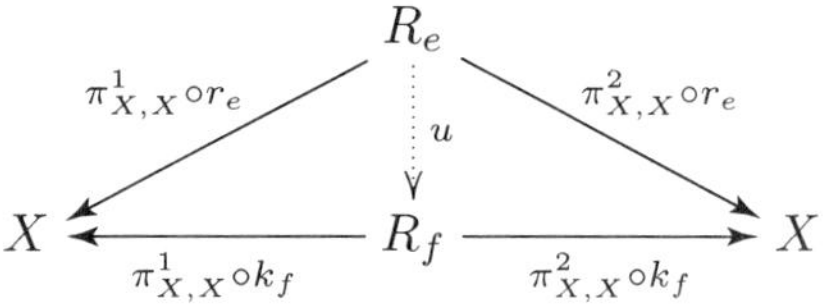

を可換にするものが一意に存在する．ここから $r_e = k_f \circ u$ が従うから $r_e \subset k_f$ だ．逆は

$$f \circ \pi^1_{X,X} \circ k_f = f \circ \pi^2_{X,X} \circ k_f$$

から始めれば，$f = m \circ e$ で m が単射であることから

$$e \circ \pi^1_{X,X} \circ k_f = e \circ \pi^2_{X,X} \circ k_f$$

が従うから，同じようにして $k_f \subset r_e$ がわかる．

S：r_e は同値関係だったから，核対 k_f も同値関係だとわかったわけだ．

補題 3　**Set** の写像 $X \xrightarrow{f} Y$ について，f の核対 k_f は X 上の同値関係である．また，f の像 $I \xrightarrow{m} Y$ を通じた全射単射分解によって得られる全射 $X \xrightarrow{e} I$ に付随する X 上の同値関係 r_e に対して，$r_e \subset k_f$ かつ $k_f \subset r_e$ が成り立つ．

あとは，

補題4　A の分割 $A \xrightarrow{p} I$ および A 上の同値関係 $R \xrightarrow{r} A \times A$ に対して，r が p に付随する同値関係であるとき，または p が r に付随する分割であるとき，任意の $a, b \in A$ に対して

$$p \circ a = p \circ b \Longleftrightarrow \binom{a}{b} \in r$$

が成り立つ．

こととと

補題5　A の分割 $A \xrightarrow{p_1} I_1$, $A \xrightarrow{p_2} I_2$ が，任意の $a, b \in A$ に対して

$$p_1 \circ a = p_1 \circ b \Longleftrightarrow p_2 \circ a = p_2 \circ b$$

であるという意味で等価なとき，$I_1 \cong I_2$ である．

とを合わせれば，非常に重要な事実が得られる．補題4は以前示したことだ*7．補題5は似たような話をもうしていたかもしれないが，有意義な論法を含むものだから確認しておこう．まず p_1 の切断 $I_1 \xrightarrow{s_1} A$ を一つとって I_1 から I_2 への写像 $p_2 \circ s_1$ を考える．この写像は，切断 s_1 を一つ選ばないと構成できないものだけれど，s_1 の選び方によらないというのが議論の要点だ．

N：p_1 の切断として他に s_1' をとったとする．s_1 も s_1' も p_1 の切断だから，当然 $p_1 \circ s_1 = p_1 \circ s_1' = 1_{I_1}$ だ．ここから，任意の $i \in I$ に対して

$$p_1 \circ s_1 \circ i = p_1 \circ s_1' \circ i$$

であることがわかるから，p_1, p_2 の等価性によって

*7 第4話の定理5参照.

$$p_1 \circ s_1 \circ i = p_2 \circ s_1' \circ i$$

が従う．あとは well-pointed 性によって $p_2 \circ s_1 = p_2 \circ s_1'$ で，めでたく $p_2 \circ s_1$ が切断 s_1 の選び方によらないことがわかった．

S：これを u とおこう．さらに p_2 の切断 $I_2 \xrightarrow{s_2} A$ を一つとって $v = p_1 \circ s_2$ とおく．v も u と同様，切断 s_2 の選び方によらない．示したいのはもちろん $u \circ v = 1_{I_2}$, $v \circ u = 1_{I_1}$ だが，これは p_1, p_2 の等価性をうまく用いることで示せる．任意の $i_2 \in I_2$ に対して

$$u \circ v \circ i_2 = i_2$$

であることを示そう．左辺は $p_2 \circ s_1 \circ p_1 \circ s_2 \circ i_2$ で p_2 が先頭に来ているから，右辺は $i_2 = p_2 \circ s_2 \circ i_2$ と変形しておこう．するとこの式は，p_1, p_2 の等価性によって

$$p_1 \circ s_1 \circ p_1 \circ s_2 \circ i_2 = p_1 \circ s_2 \circ i_2$$

であることと同値だ．$p_1 \circ s_1 = 1_{I_1}$ だから，この式自体はそれはそうだろうということで，良い．$v \circ u$ の方も同様だ．

N：なんだか奇妙な感じがするが，p_1 の切断である s_1 に p_2 を合成するというひねった方法で定義された u のねじれが p_1, p_2 の等価性でうまく移り合っている感じだな．

S：さて，集合 A 上の同値関係 r に付随する分割の余域を A/r と書いて，A の r による商集合と呼んでいたが[*8]，この用語を用いれば，核対と像との間の関係は次のように述べられる：

> **定理 6**　**Set** の写像 $X \xrightarrow{f} Y$ について，f の像 $I \xrightarrow{m} Y$ の域 I は，X の核対 k_f による商集合 X/k_f と同型である．

---

*8　第 5 話の定義 2 参照.

3. 準同型定理

N：まあ，これだけ見ても，それがどうしたんだという感じだな．

S：一つの見方としては，f から同型写像を構成する定理だと思える．まず Y 全体への写像ではなく部分である I への写像とすることで，全射になる．今度は域である X について，f でのうつり先が同じならば同じだとみなす同値関係，すなわち核対 k_f を考える．これによる商集合 X/k_f からの写像は，f が持っていた重複度が消えて単射になっているというわけだ．それで，似たような事実が **Mon** や **Qua** でも，モノイド構造を含めて成り立つ．まずはモノイド準同型の像がどうなっているかについて調べよう．

N：**Mon** の射 $M \xrightarrow{f} N$ について，忘却関手で **Set** にうつして $|f|$ の像を考えれば良さそうなものだが．

S：君が長い会社員生活で培った，できるだけ楽をしたい，何もしたくない，という人間性の高い意識が数学的センスとして昇華されているようでなによりだ．ただ重要な点は，$|f|$ の像の域が全射単射分解と整合的なモノイド構造を持つということだ．これには，今までも何度かやってきたが，全射の切断を一つとって I の演算を M の演算 μ_M から定めれば良い．

N：$|f|$ の像を $I \xrightarrow{m} |N|$ として，全射 $|M| \xrightarrow{e} I$ で $|f| = m \circ e$ となるものをとる．単位元 u_I は M の単位元 u_M から $u_I = e \circ u_M$ と定めれば良いだろう．e の切断の一つを s として，$I \times I \xrightarrow{\mu_I^s} I$ を

$$\begin{array}{ccc}
|M| \times |M| & \xleftarrow{s \times s} & I \times I \\
\downarrow{\scriptstyle \mu_M} & & \downarrow{\scriptstyle \mu_I^s} \\
|M| & \xrightarrow[e]{} & I
\end{array}$$

で定める．ここでも s によらないことを確認する必要があるわけか．

S：切断をとって定義するときはいつでもそうだな．N の演算を μ_N，単位元を u_N とすると，f がモノイド準同型であることから

$$\begin{aligned} m\circ\mu_I^s &= |f|\circ\mu_M\circ(s\times s) \\ &= \mu_N\circ(|f|\times|f|)\circ(s\times s) \\ &= \mu_N\circ(m\times m) \\ m\circ u_I &= |f|\circ u_M \\ &= u_N \end{aligned}$$

と，m がモノイド準同型の条件をみたすことがわかる．さらに，e の別の切断 s' に対する I の演算 $\mu_I^{s'}$ に対しても

$$m\circ\mu_I^s = \mu_N\circ(m\times m) = m\circ\mu_I^{s'}$$

となることから，m が単射であることによって $\mu_I^s=\mu_I^{s'}$ となる．m の単射性はまだまだ重要で，μ_I^s が単位律や結合律をみたすことを示す際にも鍵となる．前にも議論しているが*9，要点は，等しくあってほしい射 f,g を単射 m で N に送って，N のモノイド構造から $m\circ f=m\circ g$ であることを示して，$f=g$ を引き出すということだ．あとは e もまたモノイド準同型の条件をみたすことを確認しておこう．$|f|\circ\mu_M=\mu_M\circ(|f|\times|f|)$ だから

$$\begin{aligned} m\circ e\circ\mu_M &= \mu_N\circ(m\times m)\circ(e\times e) \\ &= m\circ\mu_I^s\circ(e\times e) \end{aligned}$$

で，m の単射性によって求める等式が得られる．**Mon** ではなく **Qua** だと I の可換律も成り立つ．

N：$\mu_{I,I}^s\circ\sigma_{I,I}$ に左から m を合成すると

*9 第6話第2節参照.

$$\begin{aligned} m \circ \mu_I^s \circ \sigma_{I,I} &= \mu_N \circ (m \times m) \circ \sigma_{I,I} \\ &= \mu_N \circ \begin{pmatrix} m \circ \pi_{I,I}^2 \\ m \circ \pi_{I,I}^1 \end{pmatrix} \\ &= \mu_N \circ \sigma_{|N|,|N|} \circ \begin{pmatrix} m \circ \pi_{I,I}^1 \\ m \circ \pi_{I,I}^2 \end{pmatrix} \\ &= \mu_N \circ \sigma_{|N|,|N|} \circ (m \times m) \end{aligned}$$

となって，N の可換律 $\mu_N \circ \sigma_{|N|,|N|} = \mu_N$ によって

$$m \circ \mu_I^s \circ \sigma_{I,I} = \mu_N \circ (m \times m) = m \circ \mu_I^s$$

が得られるから，$\mu_I^s \circ \sigma_{I,I} = \mu_I^s$ だな．

S：これまでのことは次のようにまとめられる：

補 題 7　**Mon** の射 $M \xrightarrow{f} N$ について，**Set** における $|f|$ の像 $I \xrightarrow{m} |N|$ はモノイド準同型の条件をみたし，I はこれと整合的なモノイドの構造 $\langle I, \mu_I, u_I \rangle$ を持つ．また m を通じた $|f|$ の全射単射分解から得られる全射 $|M| \xrightarrow{e} I$ についてもモノイド準同型の条件をみたす．**Qua** の射に対しては I の演算が可換律をみたす．写像 m に対応するモノイド準同型 $\langle I, \mu_I, u_I \rangle \xrightarrow{\bar{m}} N$ をモノイド準同型 f の**像**と呼ぶ．

モノイド準同型 f の核対については，**Set** の場合と同じく f 同士の引き戻しを基にして定義する．引き戻しの台集合は $|f|$ 同士の引き戻しと同型だから，**Set** において同値関係を定める．さらに，モノイド構造をも持つからこれは合同関係だ．

補題 8　**Mon** または **Qua** において，モノイド準同型の核対は合同関係である．

モノイド準同型のペアの余解(コイコライザ)は，一般にはこれらを忘却関手でうつした **Set** における写像のペアの余解(コイコライザ)とは一致しないけれど，合同関係 $R \xrightarrow{r} M \times M$ から得られるモノイド準同型のペア $\pi^1_{M,M} \circ r$, $\pi^2_{M,M} \circ r$ については，$\pi^1_{|M|,|M|} \circ |r|$, $\pi^2_{|M|,|M|} \circ |r|$ の余解(コイコライザ)を考えれば良かった[*10]．だから **Set** における核対，像，商の関係がそのまま成り立つ．

> **定理 9**　**Mon** または **Qua** のモノイド準同型 $M \xrightarrow{f} N$ について，核対を k_f，像の域を I とするとき，I は商モノイド M/k_f と同型である．

N：**Set** では集合レベルでの同型だったものが，**Mon** や **Qua** ではモノイド構造を含めた同型になっているわけだな．

S：モノイドのように，集合に演算を追加したものとみなせるような他の数学的対象についても同様の結果が成り立ち，**準同型定理**と呼ばれている．次はこの核対や関連する概念についてもっと詳しく見ていこう．

*10　第 7 話第 1 節参照。.

1. 逆元

S：前回は **Mon** や **Qua** において，射 f に対して f 自身との引き戻しを通じて f の核対を定義して，像との間に準同型定理が成り立つことを確認した．今回は「逆元」があれば，等価でより扱いやすい概念が定められることを見ていこう．

N：「逆元」というと，マイナスのことか？

S：モノイドの演算を加法と見ればその通りだ．乗法とみれば，数でいう「逆数」に相当する．

> **定義 1**　量系 $\langle A,+,0\rangle$ の要素 a, b に対して，$a+b=0$ であるとき，b は a の**逆元**であるという．

N：$a+b=b+a$ だから，a は b の逆元でもあるわけだ．

S：このあたりは，演算が非可換な場合は「左逆元」だとか「右逆元」だとか呼んでちゃんと区別しなければならないところだが，今は量系に限って話を進めよう．さて何が「逆」なのかだが，これは「$+a$」という操作を「$+b$」が打ち消すことを意味している．より正確にいえば次の通りだ：

補題 2　a, b は量系 $\langle A, +, 0\rangle$ の要素とし，b は a の逆元とする．このとき，a に対して定まる，$x \in |A|$ を $x+a \in |A|$ にうつすモノイド準同型 f_a と，b に対して同様に定まる f_b とは互いに逆の関係にある．

N：$f_b \circ f_a \circ x = x+a+b = x$ だから定義そのままの話だな．逆も同様だ．

S：あとは「逆元の一意性」あたりが重要な性質かな．これも簡単で，a の逆元として b, b' が存在したとすると

$$b' = b' + (a+b) = (b'+a) + b = b$$

となるから一意だ．

補題 3　量系の要素に対する逆元は，存在すれば一意である．

「存在すれば」というのは必要な断り書きで，例えば $\langle \mathbb{N}, +, 0\rangle$ では，0 以外の要素は逆元を持たない[*1]．

N：0 以外は「正の」整数だものな．足しても増えていくだけだ．

S：とはいえ，$\langle \mathbb{N}, +, 0\rangle$ は「簡約律」という非常に重要な法則をみたしていて，感覚としては「あと一歩」のモノイドなんだ．まあ，このあたりの話はあとに回すことにして，記法を整理しておこう．量系の二項演算には「+」を使っているから，逆元を表すには「−」を使って，a の逆元を $-a$ と書くことにしよう．そして「$b+(-a)$」

*1　どんな量系であっても，単位元は必ず自分自身を逆元として持つ．

のことは「$b-a$」と書こう．あるいは，$\binom{b}{a}$ を $b+(-a)$ にうつす新たな二項演算「$-$」を定めたと考えても良い．さて，肝心の核対の話だ．モノイド準同型 $\langle A,+,0\rangle \xrightarrow{f} \langle B,+_B,0_B\rangle$ の核対は f 同士の引き戻しを通じて定義され，集合としては $\binom{a}{b}\in|A|\times|A|$ のうち，$|f|\circ a=|f|\circ b$ をみたすもの全体を表す．A の任意の要素に対して逆元が存在すれば，我々はこの式の右辺を左辺へと「移項」できて，それには両辺に $|f|\circ(-b)$ を足せば良い．

N：左辺は

$$|f|\circ a+|f|\circ(-b)=|f|\circ(a-b)$$

で，右辺は

$$|f|\circ b+|f|\circ(-b)=|f|\circ(b-b)=|f|\circ 0=0_B \tag{17.1}$$

となって，確かに右辺が消えた．

S：ちなみに (17.1) は

> **補題 4**　量系間のモノイド準同型 $A\xrightarrow{f}B$ について，$a\in|A|$ が逆元を持てば $|f|\circ a$ もまた逆元を持ち，$-(|f|\circ a)=|f|\circ(-a)$ である．

とまとめられて，これはこれで重要な性質だ．それで核対についてだが，$\binom{a}{b}\in|A|\times|A|$ のうち，$a-b$ が $|f|$ によって 0_B にうつされるもの全体，という言い換えが可能になったわけだ．そこで，「$|f|$ によって 0_B にうつされるもの全体」というものを考える意味が生まれる．

定義 5 **Qua** において，モノイド準同型 $A \xrightarrow{f} B$ と零射 $0_{A,B}$ *[2] との解(イコライザ)を f の**核**と呼び，$\ker f$ と書く．

N：ほう，核対と似たような名前じゃないか．

S：異なった定義になっているが，既に見たとおり，逆元が存在すれば両者は実質的に同じものとなる．

N：二項関係である核対は，$\binom{a}{b} \in |A| \times |A|$ のうち $|f| \circ a = |f| \circ b$ であるようなもの全体で，これは移項によって，$|f| \circ (a-b) = 0_B$ であるようなもの全体と言い換えられた．つまり，$a-b$ が今定義した核の台集合に属するということだ．

S：どちらも大差がないとはいえ，「f の影響が消える部分」という考え方はいろいろと便利な場合が多い．

N：移項もそうだが，逆元があるといろいろとできることが増えてくるな．

S：逆元，というかマイナスという概念の重要性はもちろん我々の話に限ったことではない．「負の数」は借金を表すために生まれたという説があるそうだが，現代でも「バランスシート」といううまい考え方があって，これは非常に啓発的だ．

---

*[2] 定義としては単行本第 2 巻第 8 話第 1 節で述べた通り，零対象を経由して定まる射だが，Qua においては，A の任意の要素を B の単位元にうつす射といえる．

2. 逆元の作り方

N:「バランスシート」というと，左側に資産，右側に負債，純資産を載せているあの表のことか？

S: なにが良いかというと，資産，負債という二つの非負の量を用いて，一方にマイナスの役割を担わせているという点がまず一点目だ．そして二点目として，資産から負債を引くことで，非負とは限らない純資産という量を表現している．これら二点は，我々の次なるステップ「逆元を持たない量系に対していかにして逆元を付け加えるか」と非常に密接に関わってくる．

N: 差し引きすることで新たな量を作るということは，さっきも考えていたような $\binom{a}{b}$ から $a-b$ へのモノイド準同型を考えるということか？

S: ほとんどその通りなのだが，「$-b$」が存在しないところで考えなければならないから，そういったモノイド準同型を考えるのではなく，「$\binom{a}{b}$ のことを $a-b$ だとみなす」ことが重要となる．片方を単位元 0 とすることで，$\binom{a}{0}$ はもとの量系の a, $\binom{0}{b}$ は「$-b$」を表すことになる．

N: 計算する前の非負の量のペアでもって代替するわけか．

S: 注意しなければならないのは，$\binom{a}{b}$ とは異なるペアであっても同じ $a-b$ という量を表す場合があるという点だ．簡単な例としてはどちらにも c を足したペア $\binom{a+c}{b+c}$ を考えれば良い．

N: となると，いつものごとく，これらを同一視するための合同関係を考えなければならないということだな.

S: $\binom{a}{b}, \binom{a'}{b'}$ に対して，合同関係で割って得られる商量系において「$a-b=a'-b'$」であってほしいのだから，移行して「$a+b'=a'+b$」と「$-$」を消せば，元の量系でも意味のある式になる：

定義 6 A は量系とする．$|A|\times|A|$ 上の二項関係 r_1 を

$$\binom{a}{b} \sim_{r_1} \binom{a'}{b'} \Longleftrightarrow a+b'=a'+b,\ a, a', b, b' \in |A|$$

によって定める[*3].

N: なんだね，この，二項関係に付いている意味深な添え字は.

S: おや，目ざといじゃないか．これはもちろん，このままではうまくいかなくてまだ必要なことがあるということを意味している．これが合同関係の条件をみたすかどうかを確認すればわかることだ.

N: つまり合同関係にならないということがわかった.

S: いや全然わかってないだろうが.

N: なんと面倒な．まあ反射律，対称律は明らかだから，あとは推移律とモノイド構造との整合性か[*4]．推移律の仮定として，$a, a', a'', b, b', b'' \in |A|$ に対して $\binom{a}{b} \sim_{r_1} \binom{a'}{b'}$ かつ $\binom{a'}{b'} \sim_{r_1} \binom{a''}{b''}$ であ

---

*3 集合 X 上の二項関係 r について，$\binom{x}{y} \in X\times X$ が r に属することを $x \sim_r y$ と書く（第 6 話の定義 2）.

*4 モノイド $\langle M, *, u\rangle$ について，集合 M 上の二項関係 r が

$$a \sim_r b,\ a' \sim_r b' \Longleftrightarrow a * a' \sim_r b * b'$$

とモノイド構造と整合的であるとき，合同関係 $\overline{r}$ で $|\overline{r}|=r$ となるものが存在する（第 6 話の定理 3）.

るとする．これは $a+b'=a'+b$ かつ $a'+b''=a''+b'$ ということだ．結論として言いたいのは $\binom{a}{b}\sim_{r1}\binom{a''}{b''}$ だから，これら二つの式から $a+b''=a''+b$ を導く必要がある．二つの式を足し合わせると

$$a+a'+b'+b''=a'+a''+b+b' \tag{17.2}$$

だから，$a'+b'=0$ でもない限り，一般にはいえなそうだな．

S：反例としては，まあ何でも良いんだが，例えば量系として $\langle\{\mathrm{True},\mathrm{False}\},\wedge,\mathrm{True}\rangle$ をとって，$a=b''=\mathrm{True}$ として他はすべて False とすれば，$a\wedge b''$ のみが True で

$$\begin{aligned} a\wedge b' &= \mathrm{False}=a'\wedge b \\ a'\wedge b'' &= \mathrm{False}=a''\wedge b' \\ a\wedge b'' &= \mathrm{True}\neq\mathrm{False}=a''\wedge b \end{aligned}$$

となる．モノイド構造との整合性については，$\binom{a}{b}\sim_{r1}\binom{a'}{b'}$，$\binom{c}{d}\sim_{r1}\binom{c'}{d'}$ を仮定すると $a+b'=a'+b$, $c+d'=c'+d$ ということだから，足し合わせると $a+b'+c+d'=a'+b+c'+d$ で，

$$\binom{a}{b}+\binom{c}{d}=\binom{a+c}{b+d}\sim_{r1}\binom{a'+c'}{b'+d'}=\binom{a'}{b'}+\binom{c'}{d'}$$

となるから大丈夫だ．

N：つまり推移律だけが問題なんだな．

S：問題点だけを切り取っていうと，目標とする式の両辺に $a'+b'$ という余計なものが足されているということが問題なんだ．さてここで，最初のあたりで話した「簡約律」が重要となる．

定義 7　量系の要素 a について，任意の要素 b, c に対して

$$a+b=a+c \Longrightarrow b=c$$

となるとき，a は**簡約可能**であるという．任意の要素が簡約可能であるとき，量系は**簡約律**をみたすという．

こちらも要素の観点からよりは,「$+a$」というはたらきの観点から見るとわかりやすいだろう．要は「$+a$」が単射だということだ.

N：量系が簡約律をみたしていれば,(17.2) から $a+b''=a''+b$ がいえるから，r_1 は推移律をみたしているな.

S：ということで

> **補題 8**　量系 A が簡約律をみたすとき，A 上の合同関係 $\overline{r_1}$ で $|\overline{r_1}|=r_1$ となるものが存在する.

ことがわかった.

N：あとは商量系 $(A\times A)/r_1$ を考えれば良いんだな.

S：$A\times A$ からの射は $A\times A\xrightarrow{q_1}(A\times A)/r_1$ としておこう．そうすると，a を $\begin{pmatrix}a\\0\end{pmatrix}$ にうつす A から $A\times A$ へのモノイド準同型 $\begin{pmatrix}1_A\\0_{A,A}\end{pmatrix}$ と q_1 との合成 ι^+ が単射になって，A が $(A\times A)/r_1$ に埋め込まれていることがわかる.

> **補題 9**　$\iota^+:=q_1\circ\begin{pmatrix}1_A\\0_{A,A}\end{pmatrix}$ は A から $(A\times A)/r_1$ への単射である.

N：$a,a'\in|A|$ に対して $|q_1|\circ\begin{pmatrix}a\\0\end{pmatrix}=|q_1|\circ\begin{pmatrix}a'\\0\end{pmatrix}$ なら，$\begin{pmatrix}a\\0\end{pmatrix}\sim_{r_1}\begin{pmatrix}a'\\0\end{pmatrix}$ ということで，$a=a'$ だからな.

S：そして，やはり同様にして単射だとわかる $\iota^-:=q_1\circ\begin{pmatrix}0_{A,A}\\1_A\end{pmatrix}$ が，A

の要素からその逆元を作り出す．要は $|\iota^-|\circ b = |q_1|\circ\binom{0}{b}$ が「$-b$」として振る舞うということだ．特に，$\binom{a}{a}\sim_{r_1}\binom{0}{0}$ であることに注意すれば，$\binom{a}{b}+\binom{b}{a}=\binom{a+b}{a+b}\sim_{r_1}\binom{0}{0}$ がいえる．これは，$|q_1|\circ\binom{a}{b}$ の逆元が $|q_1|\circ\binom{b}{a}$ であることを意味している．

補題 10　$(A\times A)/r_1$ の任意の要素に対して逆元が存在する．特に，$|\iota^-|\circ a = |q_1|\circ\binom{0}{a}$ は $|\iota^+|\circ a = |q_1|\circ\binom{a}{0}$ の逆元である．

とまあ，これで，$(A\times A)/r_1$ は A に逆元を付け加えたものと考えられるわけだが，「商」として得られていることから，いつもの通り「そういったものの中で最小のもの」という普遍性をも有している．

N：単に逆元を付け加えたというだけでなく，その添加が必要最小限だということだな．

S：鍵となるのは，何度も出てきているが「$\binom{a}{b}$ を $a-b$ にうつす」対応だ．B の要素にその逆元を対応させる写像を inv_B，B の二項演算を $+_B$ として，$-_B := +_B\circ(1_{|B|}\times\mathrm{inv}_B)$ としよう．$\binom{a}{b}, \binom{a'}{b'}\in|A|\times|A|$ は，$\binom{a}{b}\sim_{r_1}\binom{a'}{b'}$ であるものとする．$a+b'=a'+b$ だから，m でうつして移項すれば

$$|m|\circ a -_B |m|\circ b = |m|\circ a' -_B |m|\circ b'$$

がいえる．これは $-_B\circ(|m|\times|m|)$ でうつすことによって $\binom{a}{b}, \binom{a'}{b'}$

が等しくなることを意味しているから，余解（コイコライザ）の普遍性によって，$|(A\times A)/r_1|\xrightarrow{m'}|B|$ で

$$\begin{array}{ccc} |A|\times|A| & \xrightarrow{|q_1|} & |(A\times A)/r_1| \\ {\scriptstyle |m|\times|m|}\downarrow & & \downarrow{\scriptstyle m'} \\ |B|\times|B| & \xrightarrow[-_B]{} & |B| \end{array} \qquad (17.3)$$

を可換にするものが一意に存在する．$-_B\circ(|m|\times|m|)$ はモノイド準同型の条件をみたすから，m' もまたモノイド準同型の条件をみたす[*5]．対応するモノイド準同型を $(A\times A)/r_1\xrightarrow{\overline{m}}B$ としよう．$\iota^+=q_1\circ\begin{pmatrix}1_A\\0_{A,A}\end{pmatrix}$ との合成を考えると，図式の可換性から

$$|\overline{m}|\circ|\iota^+|=-_B\circ(|m|\times|m|)\circ\begin{pmatrix}1_{|A|}\\|0_{A,A}|\end{pmatrix}=-_B\circ\begin{pmatrix}|m|\\|0_{A,A}|\end{pmatrix}=|m|$$

と変形できるから $m=\overline{m}\circ\iota^+$ だ．さらにこの，もとの m や埋め込み ι^+ とうまく関係している $\overline{m}$ は単射なんだ．

N：$m'=|\overline{m}|$ が単射であることがいえれば良いな．$\alpha,\beta\in|(A\times A)/r_1|$ に対して $m'\circ\alpha=m'\circ\beta$ であるとする．$a,a',b,b'\in|A|$ で，$\alpha=|q_1|\circ\begin{pmatrix}a\\a'\end{pmatrix}$，$\beta=|q_1|\circ\begin{pmatrix}b\\b'\end{pmatrix}$ となるものがとれるから，(17.3) によって

$$m'\circ\alpha=|m|\circ a-_B|m|\circ a'$$
$$m'\circ\beta=|m|\circ b-_B|m|\circ b'$$

と変形できる．これらが等しいというのだから，それぞれのマイナスの項を移項して

$$|m|\circ a+_B|m|\circ b'=|m|\circ a'+_B|m|\circ b$$

がいえる．$|m|$ は単射だから

$$a+_A b'=a'+_A b$$

---

*5 第7話第2節参照.

で，これは$\begin{pmatrix} a \\ a' \end{pmatrix} \sim_{r_1} \begin{pmatrix} b \\ b' \end{pmatrix}$ということを意味しているから，$|q_1|$でうつして得られる$\alpha, \beta$は等しい．

S：まとめると次の通りだ：

> **定理 11**　Aは簡約律をみたす量系，Bは任意の要素が逆元を持つ量系とする．AからBへの単射mがあるとき$(A \times A)/r_1 \xrightarrow{\bar{m}} B$で，
>
> 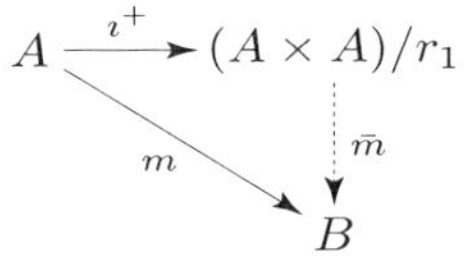
>
>
> となるものが一意に存在する．さらに，この$\overline{m}$は単射である．

N：マイナスを備えてAを含むような量系Bがあれば，これは$(A \times A)/r_1$を含んでいるということで，なるほど，確かに最小の構成になっているわけだ．

S：一意性について付け加えておくと，余解（コイコライザ）の普遍性から直接従うのは「(17.3) を可換にするm'は一意である」ということだが，定理で述べた形の一意性も成り立つ．$\alpha \in |(A \times A)/r_1|$に対して，$a, a' \in |A|$で$\alpha = |q_1| \circ \begin{pmatrix} a \\ a' \end{pmatrix}$となるものをとる．$|\overline{m}| \circ \alpha$を変形すると

$$\begin{aligned} |\overline{m}| \circ \alpha &= |\overline{m}| \circ |q_1| \circ \begin{pmatrix} a \\ a' \end{pmatrix} \\ &= |\overline{m}| \circ (|\iota^+| \circ a + |\iota^-| \circ a') \\ &= |\overline{m}| \circ (|\iota^+| \circ a - |\iota^+| \circ a') \\ &= |\overline{m}| \circ |\iota^+| \circ a -_B |\overline{m}| \circ |\iota^+| \circ a' \\ &= |m| \circ a -_B |m| \circ a' \end{aligned}$$

となる．ここでは$m = \overline{m} \circ \iota^+$であることしか使っていないか

ら，もし他に $\tilde{m}$ で $m = \tilde{m} \circ \iota^+$ となるものが存在しても，結局 $|\tilde{m}| \circ \alpha = |m| \circ a -_B |m| \circ a'$ となって，$\bar{m} = \tilde{m}$ となる．次回は簡約律をみたさない量系に対してどのように対処するかについて考えよう．

1．量系の簡約化

S：前回，簡約律をみたすような量系に対しては，量のペア$\begin{pmatrix}a\\b\end{pmatrix}$を「差」$a-b$とみなすような方法で逆元を持った量系に拡張できることを示した．今回は簡約律をみたすとは限らない一般の量系に対してどうするかを見ていこう．

N：簡約律が問題になってくるのは，前回導入した$|A|\times|A|$上の二項関係

$$\begin{pmatrix}a\\b\end{pmatrix}\sim_{r_1}\begin{pmatrix}a'\\b'\end{pmatrix}\Longleftrightarrow a+b'=a'+b,\quad a,a',b,b'\in|A|$$

の推移律だったな．

S：量系$A\times A$上の合同関係であるための他の条件はみたされていて，簡約律さえ成り立てば推移律も成り立つという非常に惜しい二項関係だったわけだ．だがこの問題も適切な合同関係を考えることで解決できる．

定義 1　Aは量系とする．$|A|$上の二項関係r_2を

$$a\sim_{r_2}a'\Longleftrightarrow x\in|A|\text{ で }a+x=a'+x\text{ となるようなもの}$$
$$\text{が存在する}$$

によって定める．

N：見た感じは確かに簡約律と相性が良さそうなかたちをしているな．反射律，対称律は明らかに成り立っている．$a, a', a'' \in |A|$ で，$a \sim_{r_2} a'$，$a' \sim_{r_2} a''$ であるようなものを考えると，定義によって $x, x' \in |A|$ で $a+x=a'+x$，$a'+x'=a''+x'$ となるようなものが存在する．ここから $a+x+x'=a''+x+x'$ がいえるから $a \sim_{r_2} a''$ で，推移律も良い．

S：あとはモノイド構造との整合性だが，$a, a', b, b' \in |A|$ で，$a \sim_{r_2} a'$，$b \sim_{r_2} b'$ なるものをとると，定義から $x, y \in |A|$ で $a+x=a'+x$，$b+y=b'+y$ となるようなものが存在するから，$a+b+x+y=a'+b'+x+y$ で，$a+b \sim_{r_2} a'+b'$ がわかる．したがって

> **補題2**　量系 A について，A 上の合同関係 $\overline{r}_2$ で $|\overline{r}_2|=r_2$ となるものが存在する．

ことがいえるから，商量系 $A \xrightarrow{q_2} A/\overline{r}_2$ を考えることができる．

N：それで，$A/\overline{r}_2$ では簡約律が成り立つというのか？

S：そういうことだ．表記を簡単にするために，$A/\overline{r}_2$ の二項演算も A のものと同じく単に「+」で表すことにしよう．$\alpha, \beta, \gamma \in |A/\overline{r}_2|$ に対して，

$$\alpha+\beta=\alpha+\gamma$$

が成り立っているとする．$|q_2|$ は全射だから $\overline{\alpha}, \overline{\beta}, \overline{\gamma} \in |A|$ で，$|q_2|$ によってそれぞれ α, β, γ にうつるようなものがとれる．前提とした関係式は，$|q_2|$ のモノイド準同型性によって

$$|q_2|\circ(\overline{\alpha}+\overline{\beta})=|q_2|\circ(\overline{\alpha}+\overline{\gamma})$$

と書き換えられるから，A において

$$\overline{\alpha}+\overline{\beta}\sim_{r_2}\overline{\alpha}+\overline{\gamma}$$

ということだ．これは，適当な $x\in|A|$ で

$$\overline{\alpha}+\overline{\beta}+x=\overline{\alpha}+\overline{\gamma}+x$$

となるものがとれるということだが，ここから

$$\overline{\beta}\sim_{r_2}\overline{\gamma}$$

が従う．

N：r_2 の定義の「なんらかの $x\in|A|$」という部分に吸収されるかたちで

$$\overline{\alpha}+\overline{\beta}\sim_{r_2}\overline{\alpha}+\overline{\gamma}\Longrightarrow\overline{\beta}\sim_{r_2}\overline{\gamma}$$

がいえるわけか．

S：あとは $|q_2|$ でうつして，$A/\overline{r}_2$ において

$$\beta=|q_2|\circ\overline{\beta}=|q_2|\circ\overline{\gamma}=\gamma$$

となる．

補題 3　量系 A について，商量系 $A/\overline{r}_2$ は簡約律をみたす．

2．その関係式，射で言えますか？

N：一般の量系から簡約律をみたすような量系が作れるということは，前回やった操作と合わせれば，任意の量系に対して逆元を持たせることができるということだな．

S：まあちょっとその前に，元々の二項関係 r_2 を要素によらず射で

定義するにはどうしたら良いかを考えよう．もちろん要素がとれるようなときにはとって普通の集合論のように話を展開するのも悪くないのだが，折角圏論をベースにしているのだからな．

N：r_2 の定義を見ると，存在量化子をどう表現するかが鍵となりそうじゃないか．

S：存在量化子については，自由モノイドを構成する際にも使い方を振り返っていたが [*1]，ここで改めて確認しておこう．

補題4　集合 $X\times Y$ 上の命題 $X\times Y\xrightarrow{\varphi}\Omega$ について [*2]，True の φ による引き戻しとして得られる $X\times Y$ の部分を $M_\varphi\xrightarrow{m_\varphi}X\times Y$ とする．さらに，$X\times Y\xrightarrow{\pi^2_{X,Y}}Y$ との合成 $\pi^2_{X,Y}\circ m_\varphi$ の全射単射分解を $M_\varphi\xrightarrow{e}I\xrightarrow{m}Y$ とする．このとき，m の特性射として得られる Y 上の命題 $Y\xrightarrow{\exists X\varphi}\Omega$ について，$y\in Y$ に対して $\exists_X\varphi\circ y=\mathrm{True}$ であることと

$$x\in X\ \text{で}\ \varphi\circ\begin{pmatrix}x\\y\end{pmatrix}=\mathrm{True}\ \text{となるようなものが存在する}$$

とは同値である．

自由モノイドを構成した際に確認したことと同じで，「$\exists_X\varphi\circ y=\mathrm{True}$」を言い換えていけば確かめられる：

$$\exists_X\varphi\circ y=\mathrm{True}\Longleftrightarrow\alpha\in I\ \text{で}\ y=m\circ\alpha\ \text{となるようなものが存在する}$$

$$\Longleftrightarrow\overline{\alpha}\in M_\varphi\ \text{で}\ y=m\circ e\circ\overline{\alpha}\ \text{となるようなものが存在する}$$

---

*1　第8話第2節参照.

*2　**Set** における射 $A\longrightarrow\Omega$ は集合 A 上の命題と解釈できた.

$$\Longleftrightarrow \bar{\alpha} \in M_{\varphi},\ x \in X \text{ で } \begin{pmatrix} x \\ y \end{pmatrix} = m_{\varphi} \circ \bar{\alpha} \text{ となるようなものが存在する}$$

$$\Longleftrightarrow x \in X \text{ で } \varphi \circ \begin{pmatrix} x \\ y \end{pmatrix} = \mathrm{True} \text{ となるようなものが存在する}$$

N：数式の洪水じゃないか，まったく．r_2 に対して適用するには，$X=|A|$，$Y=|A|\times|A|$ として，$\varphi\circ\begin{pmatrix} x \\ \binom{a}{a'} \end{pmatrix}$ が「$a+x=a'+x$ である」という命題を表すようにすれば良いようだが，これはどうするんだ？

S：左辺，右辺それぞれを射で表現して，それらの解（イコライザ）を考えれば良い．$f_L=+\circ(1_{|A|}\times\pi^1_{|A|,|A|})$ とおけば，$f_L\circ\begin{pmatrix} x \\ \binom{a}{a'} \end{pmatrix}=+\circ\begin{pmatrix} x \\ a \end{pmatrix}=a+x$ となって左辺を表していることになる．同様に，右辺は $f_R=+\circ(1_{|A|}\times\pi^2_{|A|,|A|})$ によって表されるから，これらの解（イコライザ）$E\xrightarrow{\mathrm{eq}}|A|\times(|A|\times|A|)\underset{f_2}{\overset{f_1}{\rightrightarrows}}|A|$ は，「$\begin{pmatrix} x \\ \binom{a}{a'} \end{pmatrix}\in|A|\times(|A|\times|A|)$ のうち，$a+x=a'+x$ であるようなもの全体」に相当する部分を表すことになる．というわけで，eq の特性射 $|A|\times(|A|\times|A|)\xrightarrow{\varphi_{\mathrm{eq}}}\Omega$ を考えれば良い．

N：なるほど，ややこしい．まとめると，まず解（イコライザ）を通じて $|A|\times(|A|\times|A|)$ 上の命題「$a+x=a'+x$ である」が φ_{eq} によって表現できる．さらに補題 4 によって $|A|\times|A|$ 上の命題「$x\in|A|$ で $a+x=a'+x$ でとなるようなものが存在する」が $\exists_{|A|}\varphi_{\mathrm{eq}}$ によって表現できる，と．

S：そして True を $\exists_{|A|}\varphi_{\mathrm{eq}}$ によって引き戻して得られる $|A|\times|A|$ の部分が r_2 ということだ．

N:「$\begin{pmatrix} a \\ a' \end{pmatrix} \in |A| \times |A|$ のうち，$\exists_{|A|} \varphi_{\mathrm{eq}} \circ \begin{pmatrix} a \\ a' \end{pmatrix} = \mathrm{True}$ であるようなもの全体」を表すから，これこそが r_2 というわけか.

3. 量系の群化

S: それで，あとは先程君が言っていた通り，2 段階の操作を組み合せることで量系から可換な群が得られることがわかったことになるが，実はこれは一つの操作で表すことができるんだ.

N: ああそうか，これは群か.

S: そういえば明言していなかったな. 圏が対象をただ一つだけ持つとき，これをモノイドと呼び，さらに射がすべて可逆なとき，これを群と呼ぶのだった. そして，モノイドは二項演算を備えた集合だとみなせて，このとき群とは任意の要素が逆元を持つようなモノイドのことだった [*3]. ということで，我々が前回から探求していたことは，量系から可換群を作る操作だったわけだ. それで，「一つの操作」についてだが，これは二項関係 r_1, r_2 をひとまとめに表現するような二項関係を作ることで実現できる.

定義 5 A は量系とする. $|A| \times |A|$ 上の二項関係 r を

$$\begin{pmatrix} a \\ b \end{pmatrix} \sim_r \begin{pmatrix} a' \\ b' \end{pmatrix} \Longleftrightarrow x \in |A| \text{ で } a + b' + x = a' + b + x$$
$$\text{となるようなものが存在する}$$

によって定める.

---

*3 単行本第 2 巻第 1 話第 3 節参照.

N: ふうん，確かに見た目は r_1, r_2 をいっしょくたにしたようになっているな．反射律，対称律は自明で，推移律については，$\begin{pmatrix} a \\ b \end{pmatrix} \sim_r \begin{pmatrix} a' \\ b' \end{pmatrix}, \begin{pmatrix} a' \\ b' \end{pmatrix} \sim_r \begin{pmatrix} a'' \\ b'' \end{pmatrix}$ に対して，$x, x' \in |A|$ で $a+b'+x = a'+b+x,\ a'+b''+x' = a''+b'+x'$ となるようなものが存在するから，

$$a+b''+(b'+x+x') = a''+b+(b'+x+x')$$

で，$\begin{pmatrix} a \\ b \end{pmatrix} \sim_r \begin{pmatrix} a'' \\ b'' \end{pmatrix}$ がいえる．r_1 のときの問題がうまく解決されているな．$\begin{pmatrix} a \\ b \end{pmatrix} \sim_r \begin{pmatrix} a' \\ b' \end{pmatrix}$，$\begin{pmatrix} c \\ d \end{pmatrix} \sim_r \begin{pmatrix} c' \\ d' \end{pmatrix}$ を考えると，$x, y \in |A|$ で $a+b'+x = a'+b+x,\ c+d'+y = c'+d+y$ となるようなものが存在するから，

$$(a+c)+(b'+d')+(x+y) = (a'+c')+(b+d)+(x+y)$$

で，$\begin{pmatrix} a+c \\ a'+c' \end{pmatrix} \sim_r \begin{pmatrix} b+d \\ b'+d' \end{pmatrix}$ だからモノイド構造とも整合的だ．

S: r_1, r_2 と同じく

> **補題 6**　量系 A について，$A \times A$ 上の合同関係 $\overline{r}$ で $|\overline{r}| = r$ となるものが存在する．

ことがいえるから，商量系 $A \times A \xrightarrow{q} (A \times A)/\overline{r}$ を考えることができる．これが 2 段階の操作を経て得られる

$$A \times A \xrightarrow{q_2 \times q_2} A/\overline{r}_2 \times A/\overline{r}_2 \xrightarrow{q_1} (A/\overline{r}_2 \times A/\overline{r}_2)/\overline{r}_1$$

と同型であることを確かめよう．

N: こうして見ると気持ち悪い形をしているなあ．一つの操作で済むならありがたいことだ．

S：まずは $\overline{r}$ の域を R とおいて，$|R|$ の要素 α を任意にとる．

$$\begin{pmatrix} a \\ b \end{pmatrix} = \pi^1_{|A|\times|A|,|A|\times|A|} \circ r \circ \alpha$$

$$\begin{pmatrix} a' \\ b' \end{pmatrix} = \pi^2_{|A|\times|A|,|A|\times|A|} \circ r \circ \alpha$$

とおくと $\begin{pmatrix} a \\ b \end{pmatrix} \sim_r \begin{pmatrix} a' \\ b' \end{pmatrix}$ だから $x \in |A|$ で

$$a + b' + x = a' + b + x$$

となるようなものが存在する．これは $a + b' \sim_{r_2} a' + b$ ということだから

$$|q_2| \circ a + |q_2| \circ b' = |q_2| \circ (a + b') = |q_2| \circ (a' + b) = |q_2| \circ a' + |q_2| \circ b$$

で，さらにここから $\begin{pmatrix} |q_2| \circ a \\ |q_2| \circ b \end{pmatrix} \sim_{r_1} \begin{pmatrix} |q_2| \circ a' \\ |q_2| \circ b' \end{pmatrix}$ がいえるから

$$|q_1| \circ \begin{pmatrix} |q_2| \circ a \\ |q_2| \circ b \end{pmatrix} = |q_1| \circ \begin{pmatrix} |q_2| \circ a' \\ |q_2| \circ b' \end{pmatrix} \tag{18.1}$$

だ．$\begin{pmatrix} a \\ b \end{pmatrix}$, $\begin{pmatrix} a' \\ b' \end{pmatrix}$ を元に戻すと，これは

$$\begin{aligned} &|q_1| \circ (|q_2| \times |q_2|) \circ \pi^1_{|A|\times|A|,|A|\times|A|} \circ r \circ \alpha \\ &= |q_1| \circ (|q_2| \times |q_2|) \circ \pi^2_{|A|\times|A|,|A|\times|A|} \circ r \circ \alpha \end{aligned}$$

で，$\alpha \in |R|$ は任意にとったものだったから，well-pointed 性によって

$$|q_1| \circ (|q_2| \times |q_2|) \circ \pi^1_{|A|\times|A|,|A|\times|A|} \circ r = |q_1| \circ (|q_2| \times |q_2|) \circ \pi^2_{|A|\times|A|,|A|\times|A|} \circ r$$

がいえる．**Qua** から **Set** への忘却関手の忠実性により，これは量系の射として

$$q_1 \circ (q_2 \times q_2) \circ \pi^1_{A\times A, A\times A} \circ \overline{r} = q_1 \circ (q_2 \times q_2) \circ \pi^2_{A\times A, A\times A} \circ \overline{r}$$

ということだから，q の余解(コイコライザ)としての普遍性によって，$(A \times A)/\overline{r} \xrightarrow{u} (A/\overline{r}_2 \times A/\overline{r}_2)/\overline{r}_1$ で，

$$\begin{array}{ccc} A \times A & \xrightarrow{\quad q \quad} & (A \times A)/\bar{r} \\ {\scriptstyle q_2 \times q_2}\downarrow & & \vdots\downarrow{\scriptstyle u} \\ A/\bar{r}_2 \times A/\bar{r}_2 & \xrightarrow[\quad q_1 \quad]{} & (A/\bar{r}_2 \times A/\bar{r}_2)/\bar{r}_1 \end{array} \tag{18.2}$$

を可換にするものが存在する．

N：二項関係 r で結び付いているのならば，r_1, r_2 双方で結び付いているといったところか．逆向きの射も同じように得られるのか？こちらは 2 段階の操作になっているが．

S：逆は，q_1 の性質を使うために $A/\overline{r}_2 \times A/\overline{r}_2$ から始めよう．先程と同様に，$\overline{r}_1$ の域を R_1 とおいて $\beta \in |R_1|$ を任意にとる．そして，あまりに煩雑だから積の射の添え字は省くが，

$$\begin{pmatrix} x \\ y \end{pmatrix} = \pi^1 \circ r_1 \circ \beta$$

$$\begin{pmatrix} x' \\ y' \end{pmatrix} = \pi^2 \circ r_1 \circ \beta$$

とおくと，$\begin{pmatrix} x \\ y \end{pmatrix} \sim_{r_1} \begin{pmatrix} x' \\ y' \end{pmatrix}$ だから

$$x + y' = x' + y$$

となっている．$|q_2|$ は全射だから，切断を一つとって s とおくと，この式は

$$|q_2| \circ (s \circ x + s \circ y') = |q_2| \circ (s \circ x' + s \circ y)$$

と書けて，$s \circ x + s \circ y' \sim_{r_2} s \circ x' + s \circ y$ といえる．つまり，$a \in |A|$ で

$$s \circ x + s \circ y' + a = s \circ x' + s \circ y + a$$

となるものが存在するが，これは $\begin{pmatrix} s \circ x \\ s \circ y \end{pmatrix} \sim_r \begin{pmatrix} s \circ x' \\ s \circ y' \end{pmatrix}$ ということだから

$$|q|\circ\begin{pmatrix}s\circ x\\ s\circ y\end{pmatrix}=|q|\circ\begin{pmatrix}s\circ x'\\ s\circ y'\end{pmatrix}$$

だ．あとは，やはり $\begin{pmatrix}x\\ y\end{pmatrix}$, $\begin{pmatrix}x'\\ y'\end{pmatrix}$ を元に戻して well-pointed 性から

$$|q|\circ(s\times s)\circ\pi^1\circ r_1=|q|\circ(s\times s)\circ\pi^2\circ r_1$$

がいえるから，$|q_1|$ の **Set** における余解(コイコライザ)としての普遍性により，**Set** の射 $|(A/\bar{r}_2\times A/\bar{r}_2)/\bar{r}_1|\xrightarrow{v_s}|(A\times A)/\bar{r}|$ で，

$$\begin{array}{ccc}|A|\times|A| & \xrightarrow{\quad |q| \quad} & |(A\times A)/\bar{r}| \\ {\scriptstyle s\times s}\uparrow & & \uparrow{\scriptstyle v_s} \\ |A/\bar{r}_2|\times|A/\bar{r}_2| & \xrightarrow[|q_1|]{} & |(A/\bar{r}_2\times A/\bar{r}_2)/\bar{r}_1|\end{array} \qquad (18.3)$$

を可換にするものが存在する．

N：こちらは **Set** の図式なんだな．

S：全射に対して切断をとっている関係上こうなってしまった．ちなみに，普遍性から一意な存在が従う射も切断 s に応じて定まるから v_s としている．だがしかし，いつものごとく，これは見かけだけで実は s によっていないことが示せる．鍵は u が単射であるということだ．

N：$x, x'\in|(A\times A)/\bar{r}|$ をとって $|u|\circ x=|u|\circ x'$ と仮定する．$|q|$ は全射だから，$a, a', b, b'\in|A|$ で

$$x=|q|\circ\begin{pmatrix}a\\ b\end{pmatrix},\ x'=|q|\circ\begin{pmatrix}a'\\ b'\end{pmatrix}$$

となるものが存在する．仮定と図式 (18.2) の可換性とを合わせると

$$|q_1|\circ(|q_2|\times|q_2|)\circ\begin{pmatrix}a\\ b\end{pmatrix}=|q_1|\circ(|q_2|\times|q_2|)\circ\begin{pmatrix}a'\\ b'\end{pmatrix}$$

が得られる．ああ，あとは君がさっきやったことを逆にたどれば

良いのか.

S:(18.1) から前へ戻っていくと, $\begin{pmatrix}a\\b\end{pmatrix}\sim_r\begin{pmatrix}a'\\b'\end{pmatrix}$ が得られるから,

$$x=|q|\circ\begin{pmatrix}a\\b\end{pmatrix}=|q|\circ\begin{pmatrix}a'\\b'\end{pmatrix}=x'$$

で, $|u|$ は **Set** において単射, すなわち u は **Qua** において単射だ. あとは図式 (18.2) の可換性から従う関係式 $u\circ q=q_1\circ(q_2\times q_2)$ を **Set** にうつした上で, 右から $s\times s$ を合成すると

$$|u|\circ|q|\circ(s\times s)=|q_1| \tag{18.4}$$

が得られる. $|q_2|$ の切断として s とは別の s' をとっても

$$|u|\circ|q|\circ(s\times s)=|q_1|=|u|\circ|q|\circ(s'\times s')$$

となるから, $|u|$ の単射性によって

$$|q|\circ(s\times s)=|q|\circ(s'\times s')$$

と, $|q|\circ(s\times s)$ が切断 s の選び方によらないことがわかる. v_s は $|q|\circ(s\times s)$ に対して定まる射だから, これで v_s もまた s によっていないことがわかったわけだ. ということで v_s は改めて v と書こう. (18.4) の役目はこれだけではなくて, 図式 (18.3) の可換性から従う関係式 $v\circ|q_1|=|q|\circ(s\times s)$ と合わせて $|u|\circ v\circ|q_1|=|q_1|$ が得られる. $|q_1|$ は全射で右可逆だから $|u|\circ v=1_{|(A/\bar{r}_2\times A/\bar{r}_2)/\bar{r}_1|}$ がわかる. そして, 右から $|u|$ を合成して得られる $|u|\circ v\circ|u|=|u|$ と $|u|$ の単射性とを合わせれば逆の $v\circ|u|=1_{|(A\times A)/\bar{r}|}$ もわかる.

N: **Set** において $|(A\times A)/\bar{r}|$ と $|(A/\bar{r}_2\times A/\bar{r}_2)/\bar{r}_1|$ とが同型だとわかったが, あとは v がモノイド準同型の条件をみたすことさえわかれば良いな. $a=v\circ 0$ とおくと, $|u|\circ a=|u|\circ v\circ 0=0$ で, $|u|$ は単射だから $a=0$ だ. $z=v\circ x+v\circ y$ とおけば, $|u|$ のモノイド準同型性から $|u|\circ z=x+y=|u|\circ v\circ(x+y)$ がいえて, やはり単射性か

ら $v \circ x + v \circ y = v \circ (x+y)$ がわかる.

S: これでどちらの構成でも同じ群が得られることがわかったから, これからは単純な $(A \times A)/r$ に焦点を当てて調べていこう. この, 量系から可換群を得る操作を**群化**と呼び, 得られる群を先達に敬意を表して **Grothendieck 群**と呼ぶ.

1. 可換群の群化

S：量系から可換群を作る操作「群化」が定義できたから，より詳しく見ていこう．まずは可換群を群化するとどうなるかについて調べるとしよう．

N：可換群は特殊な量系だから群化を考えること自体はできるな．でも同じものが得られるだけなんじゃないか？ 最初から逆元が備わっているわけだし．

S：結果としては「同じもの」ではなく同型なものが得られるのだが，その理由自体は君の言う通り，元々逆元があるからだ．まあ実際に確かめてみよう．そもそも群化のアイデアは，量系の要素 a, b に対して，差「$a-b$」を $\begin{pmatrix} a \\ b \end{pmatrix}$ の同値類で表そうというものだった．だが量系の任意の要素が逆元を持てば $a-b$ は直接作れて，$\begin{pmatrix} a \\ b \end{pmatrix}$ と $\begin{pmatrix} a-b \\ 0 \end{pmatrix}$ とが同値となる．実のところ主要な点はこれだけなんだ．

N：まだほとんど何も言っていないようにしか思えないがなあ．

S：同型射を構成すればすべてわかることだ．量系 A に対して $|A|\times|A|$ 上の二項関係 r_A を

$$\begin{pmatrix} a \\ b \end{pmatrix} \sim_{r_A} \begin{pmatrix} a' \\ b' \end{pmatrix} \Longleftrightarrow x \in |A| \text{ で } a+b'+x = a'+b+x \text{ となるような} \text{ものが存在する}$$

によって定め，対応する合同関係を $\overline{r}_A$ とし，$\pi^1 \circ \overline{r}_A$, $\pi^2 \circ \overline{r}_A$ の余解(コイコライザ)を $A \times A \xrightarrow{q_A} (A \times A)/\overline{r}_A$ とおく．$|A|$ の任意の要素が逆元を持つ場合における肝心の同型射だが，$\begin{pmatrix} a-b \\ 0 \end{pmatrix}$ が鍵となる．$\begin{pmatrix} a \\ b \end{pmatrix}$ を $\begin{pmatrix} a-b \\ 0 \end{pmatrix}$ の同値類にうつす射は，$\begin{pmatrix} a \\ b \end{pmatrix}$ を $a-b$ にうつす射と a を $\begin{pmatrix} a \\ 0 \end{pmatrix}$ の同値類にうつす射との合成として表されるが，これが同型射と関わってくるんだ．

N：どちらも前々回に簡約律が成り立つような量系に対して考えた射だな [*1]．

S：前者については，$|A|$ の要素にその逆元を対応させる写像を inv_A とおくと合成写像

$$|A| \times |A| \xrightarrow{\begin{pmatrix} 1_{|A|} \\ \mathrm{inv}_A \end{pmatrix}} |A| \times |A| \xrightarrow{+_A} |A|$$

がモノイド準同型の条件をみたすから，$+_A \circ \begin{pmatrix} 1_{|A|} \\ \mathrm{inv}_A \end{pmatrix}$ に対応する **Qua** の射が存在する．これを m_A とおこう．後者については合成

$$A \xrightarrow{\begin{pmatrix} 1_A \\ 0_{A,A} \end{pmatrix}} A \times A \xrightarrow{q_A} (A \times A)/\overline{r}_A$$

を考えて，これを η_A とおく．

N：A と $(A \times A)/\overline{r}_A$ との間の関係を調べたいのに，m_A は $A \times A$ から A への射になっているようだが，これはどうするんだ？

S：そう，我々が今欲しいのは $\begin{pmatrix} a \\ b \end{pmatrix}$ から $a-b$ への対応ではなく，$\begin{pmatrix} a \\ b \end{pmatrix}$

*1 第17話第2節参照．

の同値類から $a-b$ への対応だからな．これは今までも何度か確認している well-defined と関係している話で，余解（コイコライザ）の普遍性を通じて必要な射が得られる．$\bar{r}_A$ の域を R_A として，$\alpha \in |R_A|$ を任意にとる．そして

$$\begin{pmatrix} a \\ b \end{pmatrix} = \pi^1 \circ r_A \circ \alpha$$

$$\begin{pmatrix} a' \\ b' \end{pmatrix} = \pi^2 \circ r_A \circ \alpha$$

とおくと，$\begin{pmatrix} a \\ b \end{pmatrix} \sim_{r_A} \begin{pmatrix} a' \\ b' \end{pmatrix}$ だから，$x \in |A|$ で

$$a+b'+x = a'+b+x$$

となるようなものが存在する．$|A|$ の任意の要素は逆元を持つから移項できて，さらに $|m_A|$ でうつすことによって

$$|m_A| \circ \begin{pmatrix} a \\ b \end{pmatrix} = a-b = a'-b' = |m_A| \circ \begin{pmatrix} a' \\ b' \end{pmatrix}$$

がいえる．α が任意の選ばれたものであったこと，**Mon** から **Set** への忘却関手の忠実性から

$$m_A \circ \pi^1 \circ \bar{r}_A = m_A \circ \pi^2 \circ \bar{r}_A$$

だ．q_A の余解（コイコライザ）としての普遍性から，$(A \times A)/\bar{r}_A \xrightarrow{\bar{m}_A} A$ で

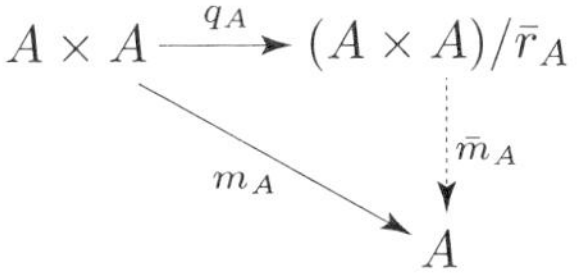

を可換にするものが一意に存在する．

N：なるほど，合同関係と整合的な準同型なら商量系からの射を作ることができるんだな．それで，これが同型射になっているのか？

S：$\bar{m}_A \circ \eta_A$ については

$$\bar{m}_A \circ \eta_A = \bar{m}_A \circ q_A \circ \begin{pmatrix} 1_A \\ 0_{A,A} \end{pmatrix} = m_A \circ \begin{pmatrix} 1_A \\ 0_{A,A} \end{pmatrix}$$

と変形できて，任意の $a \in |A|$ に対して

$$|\overline{m}_A \circ \eta_A| \circ a = |m_A| \circ \begin{pmatrix} a \\ 0 \end{pmatrix} = a$$

となるから $\overline{m}_A \circ \eta_A = 1_A$ だ．$\eta_A \circ \overline{m}_A$ については，そのまま計算しようとすると $|(A \times A)/\overline{r}_A|$ の要素が必要となるから，$\eta_A \circ \overline{m}_A \circ q_A$ について考えよう．

N：$|A| \times |A|$ の要素をとって考えられるようになるわけか．$\overline{m}_A \circ q_A = m_A$ だから，任意の $\begin{pmatrix} a \\ b \end{pmatrix} \in |A| \times |A|$ に対して

$$|\eta_A \circ \overline{m}_A \circ q_A| \circ \begin{pmatrix} a \\ b \end{pmatrix} = |q_A| \circ \begin{pmatrix} 1_{|A|} \\ |0_{A,A}| \end{pmatrix} \circ (a-b) = |q_A| \circ \begin{pmatrix} a-b \\ 0 \end{pmatrix}$$

となる．ああ，これがさっき言っていた「主要な点」ということか．

S：$\begin{pmatrix} a-b \\ 0 \end{pmatrix} \sim_{r_A} \begin{pmatrix} a \\ b \end{pmatrix}$ だから $|q_A| \circ \begin{pmatrix} a-b \\ 0 \end{pmatrix} = |q_A| \circ \begin{pmatrix} a \\ b \end{pmatrix}$ ということで，$|\eta_A| \circ |\overline{m}_A| \circ |q_A| = |q_A|$ がいえる．$|q_A|$ は全射だから，ここから $\eta_A \circ \overline{m}_A = 1_{(A \times A)/\overline{r}_A}$ が従う．以上により

> **補題 1**　A は量系とする．$|A|$ の任意の要素が逆元を持つとき，A とその群化 $(A \times A)/\overline{r}_A$ とは，$a \in |A|$ に $\begin{pmatrix} a \\ 0 \end{pmatrix}$ の同値類を対応させる $A \xrightarrow{\eta_A} (A \times A)/\overline{r}_A$ を同型射として同型となる．

ということがわかった．

N：簡約律が成り立つという条件だけでは η_A は単射だということし

かいえなかったけれど [*2]，逆元を持つのなら差を直接構成するかたちで逆射が定義できてうまくいくんだな．

2．可換群の圏 CGrp から量系の圏 Qua への包含関手

S：元々逆元を持っているような量系を群化しても面白みがなかったかもしれないが，実はこの結果は随伴と関係しているんだ．もっとはっきり言うと，これは随伴の三角等式そのものなんだ．

N：ああ，それで「η_A」とおいていたのか．

S：もちろん「η_A」が単位で，「群化」が随伴の片割れを成す．話を先に進めるために，可換群の圏 **CGrp** について定義をはっきりとさせておこう．可換群は特別な量系だから，**Qua** の対象，射のうち特別なものが **CGrp** の対象，射となっているわけだが，違う圏のものだから区別できるようにしておくことにする．逆元を備えた量系 A を可換群として取り扱うとき，これを $A_{\mathcal{G}}$ と書く．さらに，逆元を備えた量系 A, B 間の射 $A \xrightarrow{f} B$ を可換群間の射とみなすとき $A_{\mathcal{G}} \xrightarrow{f_{\mathcal{G}}} B_{\mathcal{G}}$ と書く．

N：となると，**CGrp** はそういった $A_{\mathcal{G}}$ や $f_{\mathcal{G}}$ によって構成されているといえるな．

S：そう，「**CGrp** の対象」とは，逆元を備えた量系 A を可換群 $A_{\mathcal{G}}$ とみなしたもので，「**CGrp** の射」とは，逆元を備えた量系間の射 f を可換群間の射 $f_{\mathcal{G}}$ とみなしたものだ．今後，「可換群 $A_{\mathcal{G}}$」という

*2 第 17 話の補題 9 参照．

ような言い方をしたら，これは「逆元を備えた量系 A を考えてこれを可換群とみなしている」と理解してもらいたい．そしてこの逆向きの対応を I とする．つまり $I(A_{\mathcal{G}})=A$, $I(f_{\mathcal{G}})=f$ ということだが，**CGrp** の定め方から明らかな通り，I は充満忠実関手だ．この I を **CGrp** から **Qua** への**包含関手**と呼ぼう．

N：待ちたまえ，そんないきなり専門用語を．まず I は可換群を量系とみなす対応だということで良いのか？

S：そうだな．**CGrp** は **Qua** の一部から作られるが，これを再び **Qua** のものと見なおすということだ．**CGrp** の射は **Qua** の射なのだから，恒等射や合成が保存するのは明らかだ．そして可換群 $A_{\mathcal{G}}$ から可換群 $B_{\mathcal{G}}$ への射は量系 A から量系 B への射だから，一対一に対応している．すなわち充満忠実ということだ．

N：I 自身というよりも **CGrp** の定め方から I の性質が従うということか．

3．群化の関手性

S：これでお膳立ては済んだから群化そのものについて調べることができる．群化による量系から可換群への対応を G と書くことにする．随伴云々の前にこれが **Qua** から **CGrp** への関手であることを確かめておこう．

N：量系 A から商量系 $(A\times A)/\overline{r}_A$ を作って可換群とみなせば，**Qua** の対象 A から **CGrp** の対象 $((A\times A)/\overline{r}_A)_{\mathcal{G}}$ への対応になるな．射の対応はどうするんだ？

S：余解（コイコライザ）の普遍性から得られる射を対応させることにすれば良

い．**Qua** の射 $A \xrightarrow{f} B$ に対して，$A \times A \xrightarrow{f \times f} B \times B$ を考えると，先程 m_A から $\overline{m}_A$ を得たときとほぼ同じ論法によって，$(A \times A)/\overline{r}_A \xrightarrow{\overline{f}} (B \times B)/\overline{r}_B$ で

$$\begin{array}{ccccc} A & \xrightarrow{\binom{1_A}{0_{A,A}}} & A \times A & \xrightarrow{q_A} & (A \times A)/\bar{r}_A \\ {\scriptstyle f}\downarrow & & {\scriptstyle f \times f}\downarrow & & \downarrow{\scriptstyle \bar{f}} \\ B & \xrightarrow[\binom{1_B}{0_{B,B}}]{} & B \times B & \xrightarrow[q_B]{} & (B \times B)/\bar{r}_B \end{array} \tag{19.1}$$

を可換にするものが一意に存在する．というのも，$\begin{pmatrix} a_1 \\ a_2 \end{pmatrix} \sim_{r_A} \begin{pmatrix} a'_1 \\ a'_2 \end{pmatrix}$ なる $|A| \times |A|$ の要素をとると

$$|q_B| \circ (|f| \times |f|) \circ \begin{pmatrix} a_1 \\ a_2 \end{pmatrix} = |q_B| \circ (|f| \times |f|) \circ \begin{pmatrix} a'_1 \\ a'_2 \end{pmatrix}$$

がいえるからだ．

N：r_A の定義から，$x \in |A|$ で

$$a_1 + a'_2 + x = a'_1 + a_2 + x$$

となるようなものが存在するから，これに $|f|$ を作用させて

$$|f| \circ a_1 + |f| \circ a'_2 + |f| \circ x = |f| \circ a'_1 + |f| \circ a_2 + |f| \circ x$$

が成り立つ．これは $\begin{pmatrix} |f| \circ a_1 \\ |f| \circ a_2 \end{pmatrix} \sim_{r_B} \begin{pmatrix} |f| \circ a'_1 \\ |f| \circ a'_2 \end{pmatrix}$ であることを意味するから，確かに成り立っているな．

S：これで **Qua** の射 f から **CGrp** の射 $\overline{f}_{\mathcal{G}}$ への対応が得られた．この対応が恒等射，射の合成を保存することもまた余解(コイコライザ)の普遍性から従う．

4. 群化と包含関手との間の随伴関係

N：で，あとは随伴か.

S：先程も言った通り，これには可換群の群化が深く関わっている.というかこれそのものと言っても良いくらいだ．あとはこの結果を，関手を使って言い直していけば良いだけだ.

N：楽で良いじゃないか．随伴には，関手のペア，自然変換のペア，そして自然変換のペアに対して成り立つ三角等式が必要だったが，今のところ関手のペアは良いとして，単位が定義されているだけか．**Qua** の対象 A に対して $\eta_A = q_A \circ \begin{pmatrix} 1_A \\ 0_{A,A} \end{pmatrix}$ とおいていたな.

S：いつもならここで自然性の確認が必要だが，これは (19.1) を振り返るだけだ．この可換図式は I, G, η を用いると

$$\begin{array}{ccc} A & \xrightarrow{\eta_A} & IG(A) \\ {\scriptstyle f}\downarrow & & \downarrow{\scriptstyle IG(f)} \\ B & \xrightarrow[\eta_B]{} & IG(B) \end{array} \tag{19.2}$$

と書けて，自然性の条件そのものだ．さらに余単位の方ももう定義していて，こちらは $\overline{m}_A$ を **CGrp** の射とみなしたものになる.

N：$\overline{m}_A$ は $\begin{pmatrix} a \\ b \end{pmatrix}$ の同値類から $a-b$ への対応で，**Qua** の射としては $(A\times A)/\overline{r}_A$ から A への射だったな．**CGrp** の射とみれば $((A\times A)/\overline{r}_A)_{\mathcal{G}} \xrightarrow{(\overline{m}_A)_{\mathcal{G}}} A_{\mathcal{G}}$ で，域は

$$((A\times A)/\overline{r}_A)_{\mathcal{G}} = G(A) = G(I(A_{\mathcal{G}}))$$

と変形できるから，確かに余単位としてあるべき域，余域になっているようだ.

S：余単位の自然性は，**CGrp** の任意の射 $A_\mathcal{G} \xrightarrow{f_\mathcal{G}} B_\mathcal{G}$ に対して

$$\begin{array}{ccc} GI(A_\mathcal{G}) & \xrightarrow{(\bar{m}_A)_\mathcal{G}} & A_\mathcal{G} \\ {\scriptstyle GI(f_\mathcal{G})}\downarrow & & \downarrow{\scriptstyle f_\mathcal{G}} \\ GI(B_\mathcal{G}) & \xrightarrow[(\bar{m}_B)_\mathcal{G}]{} & B_\mathcal{G} \end{array}$$

が可換であることだが，この図式は **Qua** の図式とみなせば

$$\begin{array}{ccc} IG(A) & \xrightarrow{\bar{m}_A} & A \\ {\scriptstyle IG(f)}\downarrow & & \downarrow{\scriptstyle f} \\ IG(B) & \xrightarrow[\bar{m}_B]{} & B \end{array}$$

のことだ．これは (19.2) が可換であること，そして $\overline{m}_A, \overline{m}_B$ がそれぞれ η_A, η_B の逆射であることから可換だ．ということで，**CGrp** の対象 $A_\mathcal{G}$ から射 $\varepsilon_{A_\mathcal{G}} = (\overline{m}_A)_\mathcal{G}$ への対応は自然変換ということだ．これを余単位とする．

N：あとは三角等式か．今の場合，**Qua** の任意の対象 A，**CGrp** の任意の対象 $A_\mathcal{G}$ に対して

$$I(\varepsilon_{A_\mathcal{G}}) \circ \eta_{I(A_\mathcal{G})} = 1_{I(A_\mathcal{G})}$$

$$\varepsilon_{G(A)} \circ G(\eta_A) = 1_{G(A)}$$

が成り立っている必要がある．

S：これについても，やはり今まで示してきたことが使える．まず一つ目の式については，$I(A_\mathcal{G}) = A$, $I(\varepsilon_{A_\mathcal{G}}) = \overline{m}_A$ であることに注意すれば

$$\overline{m}_A \circ \eta_A = 1_A \tag{19.3}$$

ということで，これはもう確かめた．二つ目の式については **Qua** の関係式として成立することを確かめよう．まず (19.2) で $A \xrightarrow{f} B$ として $A \xrightarrow{\eta_A} IG(A)$ を使うと

$$
\begin{array}{ccc}
A & \xrightarrow{\eta_A} & IG(A) \\
{\scriptstyle \eta_A}\downarrow & & \downarrow{\scriptstyle IG(\eta_A)} \\
IG(A) & \xrightarrow[\eta_{IG(A)}]{} & IGIG(A)
\end{array}
$$

が可換であることがわかる．η_A は可逆だから，これは $IG(\eta_A)=\eta_{IG(A)}$ ということだ．(19.3) で A として $IG(A)$ を使えば

$$I(1_{G(A)})=1_{IG(A)}=\overline{m}_{IG(A)}\circ\eta_{IG(A)}=\overline{m}_{IG(A)}\circ IG(\eta_A)$$

がいえる．$\overline{m}_{IG(A)}=I(\varepsilon_{G(A)})$ だから

$$I(1_{G(A)})=I(\varepsilon_{G(A)}\circ G(\eta_A))$$

だ．**Qua** の関係式とみなして等しいということは，**CGrp** の関係式として

$$1_{G(A)}=\varepsilon_{G(A)}\circ G(\eta_A)$$

ということだ．同じことだが，I が充満忠実であるから，と言っても良い．

定理 2　量系の群化は関手 **Qua** $\xrightarrow{G}$ **CGrp** を定め，これは包含関手 **CGrp** $\xrightarrow{I}$ **Qua** と随伴関係を成す．

N：ふうん，本当に実質的には「可換群を群化すると元の可換群に同型なものが得られる」ということだけを使って随伴関係が言えるんだな．

S：さて折角群化という技術を手に入れたのだから，応用編として自然数から整数でも作ってみようか．次からはそのための準備をしていこう．

あとがき

本書をまとめるにあたり，私（西郷）の心にぼんやりと浮かび上がる一冊の本があった．それは独特の紅い表紙をしたソフトカバーの洋書で，題名は『位相的テンソル積と核型空間』（“Produit tensoriel topologique et espaces nucléaires”）という．著者はアレクサンドル・グロタンディーク（Alexandre Grothendieck）*1．

私はその本をどこで入手したのか覚えていない．多分図書館の廃棄処分か何かで見つけたのだと思う．覚えているのはその本が随分古びていて，表紙もぼろぼろになっていたこと，そして私は多分 10 年以上もの間，辛いことがあるとその本をいつも持ち歩いていたということだ．

愛読していたというわけではない．ただ持ち歩き，時々中身も「見て」いた．本文はタイプされ，矢印やテンソル積の記号は手書きであった．しかし読んだとはとても言えない．そもそも私はフランス語を学んだことがなかったし，数学もフランス語並みの出来であった*2．ただ，私はなぜかその本を心の支えにしていた．

---

*1 Grothendieck, Alexandre (1955). Produits tensoriels topologiques et espaces nucléaires. Mem. Am. Math. Soc.. 16.

*2 ホワイトノイズ解析の創始者である飛田武幸氏は学生時代，師事していた伊藤清氏にレヴィの本を読むように言われた際，「フランス語がわかりません」と答えたら即座に「字引を引けばいい」と返され，仏語辞書とにらみあいながら随分苦労しながら読んだとおっしゃっていたが，私は怠惰でそんな風にはとてもできないと思っていた．

本シリーズではまだ「位相」の話はしていないが，（本シリーズでいずれ取り上げる予定の）関数解析と呼ばれる分野の基礎をなすのが「位相線型空間」の理論である．振動する弦についてのダニエル・ベルヌイの研究以来，「有限から無限への移行」および「重ね合わせの原理」というテーマは数学の根幹をなしているが，それらの現代的な統合が位相線型空間の理論と言える*3．このうち，「重ね合わせの原理」のほうはまさしく線型性の話であり，線型空間——「体」（実数全体や複素数全体のように「四則演算が可能な数系」）上の量系——およびその間の線型写像の概念によって捉えられる一方，「有限から無限への移行」においては「近似」の概念を上手に取り込む必要があり，それは20世紀において「位相」を考えることによってなされた．位相線型空間というのは，これらの構造を兼ね備えたものである．

位相線型空間とその間の（適切な条件を満たす）線型写像のなす圏においてテンソル積はどのようなものであるべきかというのが，実は大問題だったのである．定義しようとしても，一般にはそのような概念がビシッと一通りに定まるわけではない．ところが「核型空間」と呼ばれるものに関しては，非常に一般の位相線型空間（局所凸空間）とのテンソル積の概念が本質的に一意に定まる．グロタンディークの（例の紅い本にまとめられた）仕事は，この「核型空間」の基礎理論を確立することだった．

私（西郷）の専門分野は——もしあるとすれば——非可換確率論と呼ばれる数学の一分野であり，それと深く相互作用しながら発展してきたホワイトノイズ解析という分野にとっても，核型空間論は必要不可欠なものである．そういう事情もあり，私は例の紅い

*3 ブルバキの『位相線型空間』の歴史覚え書の受け売りであるので，専門家からは大いに批判を受けそうであるが．

本を手にとった時迷わず持ち帰ったのであった．しかし私がそれを心の支えにした理由は，決して（狭い意味での）「内容」によるものではない．むしろ，「天才」という言葉がなんとなくイメージさせてしまうものと対極の，まるで牛が押していくかのようにゆっくりと，しかしたゆみなく核心に向かって進む作風のようなものが，私を励ましてくれることが重要だったのだ．

私たちのこの本が，あの紅い本のように誰かの心の支えになるとよい，とまで私たちは思い上がってはいない．しかし，たとえばテンソル積ならテンソル積という概念に向かって，牛のように押していく本がまた一つ世に出ることは，何か善いことをもたらすのではないかという気がする．

このあとがきを書くにあたり，久しぶりにその紅い本を手にとって気がついた．悩みというのはもちろん尽きないものではあるが，私はこのところグロタンディークの本をお守りにしないでも「牛のように押していく」ことが少しずつできるようになってきた，ということだ．そのかわりに，私は辛いことがあると『線型代数対話』の各巻を手に取る．これほど規格外の本が「出てしまっている」ということ，それを思うだけで，世界というのはかつて考えていたよりずっと自由なんだなと感じられるからだ．たとえ進退きわまったと感じても，大丈夫．なんと言ってもテンソル積をひたすら定義しようとする本を出すことだって可能なのだから．

それはひとえに本シリーズの編集者である富田淳氏，共著者である能美十三のおかげである．富田さんがいなければ当然出版も（それどころか元になる連載も）ありえないし，能美がいなければ本シリーズが構想倒れになったことは確実である（そもそも私は構想しかできない人間だ）．そして，著者の一人である西郷の生活を共に「牛のように押していく」伴侶である美紗の存在なくしては，この本を皆さんに届けることも叶わなかっただろう．それらの事実を踏まえ，本書を，ガリレオ・ガリレイ，アレクサンドル・グロタンディーク，富田淳，能美十三および西郷美紗の各氏に捧げる[*4]．

2023年　雨水

西郷甲矢人・能美十三

[*4] 著作を，それを作った人々自身に捧げたってもちろん構わないはずだ！

索引

▶▶▶ は行

▶▶▶ ま行

▶▶▶ や行

▶▶▶ ら行

著者紹介：

西郷甲矢人（さいごう・はやと）

1983年生まれ．数学者（長浜バイオ大学教授）．

能美十三（のうみ・じゅうぞう）

1983年生まれ．会社員．

線型代数対話（せんけいだいすうたいわ）　**第3巻　量系のテンソル積**

―多重線型性とその周辺―

2023年5月22日　初版第1刷発行

著　者　　西郷甲矢人・能美十三

発行者　　富田　淳

発行所　　株式会社　現代数学社

〒606-8425 京都市左京区鹿ヶ谷西寺ノ前町1

TEL 075 (751) 0727　FAX 075 (744) 0906

https://www.gensu.co.jp/

装　幀　　中西真一（株式会社 CANVAS）

印刷・製本　　有限会社 ニシダ印刷製本

ISBN 978-4-7687-0606-0　　2023 Printed in Japan